教養としての「半導体」

SEMICONDUCTOR

Masanori Kikuchi

菊 地 正 典

日本実業出版社

はじめに
——もはや「半導体に無関係」ではいられない

ちょうど新型コロナが流行し始めた２０２０年の春頃から、テレビを始めとするマスメディアで「半導体不足」が頻繁に取り上げられるようになりました。

一般の人々にとっては、「半導体、半導体！」と急に騒がれても、正直な話、**「半導体という言葉は聞いたことがあるけど、それって何なの？」「半導体が私たちの生活にどれほど関係あるというの？」**といった他人事の感覚があったのではないでしょうか。クルマや家電製品は身近で見たり、買いに行ったりしますが、半導体を買うようなことはないからです。このため、多くの人はどうしても傍観者の立場だったように思います。

しかし、給湯器やインターフォンのようなライフラインに直結する製品を取り換えようとしたり、新車や家電製品、あるいはパソコンやプリンターなどを買おうと思っても、「製品が市場で不足していて半年待ちです」といった状況を聞くに及び、初めて「これはたいへんだ、なぜ製品が不足するのか」――そのおおもとの原因が**「半導体不足によるものだ」**と知るに至ったのです。

このような半導体不足が生じた原因や理由は、決して単純なものではありません。なぜなら、その背景には「社会的、経済的、政治的」な要因が複雑に絡み合った状況があったからです。それら要因の一つひとつについて本書で立ち入って説明することは控えますが、同時期に発生したコロナ禍による生活スタイルの変化、すなわち在宅勤務の増加によって家で過ごす時間が増えたことも半導体不足に拍車をかけたといえるでしょう。

そして、さすがの半導体不足も2022年中頃にかけて徐々に緩和され始め、2023年に入って多くの製品で解消されつつあり（車載用や産業機器用は除く）、むしろ半導体市場全般としては在庫調整などによるモノ余りの状況さえ見えつつあります。

しかしこのような半導体不足が、我々の日々の生活に大きな影響をもっていることを超えて、グローバルベースでの政治、経済にまで深く根ざしていることを改めて認識させてくれたのも、今回の半導体不足の特徴だったといえるでしょう。激しさを増す米中覇権争いの中で、今や安全保障、特に経済安全保障の最重要物資として半導体が注目を集めています。

このようにさまざまな顔をもち、日々の生活にも密接にかかわっている半導体については、もはやビジネスパーソンであるのか、一般消費者であるのか、あるいは学生であるのかにかかわらず、現代に生きる私たちにとっては「最低限、知っておくべき常識」「生きていく上での教養」と考えても過言ではないでしょう。

そこで、「半導体について知っておこうか」と思っても、半導体にはさまざまな切り口・内容があり、一筋縄ではいきません。ＮＥＣの主席技師長として半導体一筋に生き、半導体全般について熟知している筆者でさえ、ひと口で説明することはむずかしいものがあります。

そもそも、半導体を理論的な面から「なぜそういう現象が起きるのか」を根本的に説明しようとすると、まず「量子力学」を知らなければなりません。また、秒進分歩とも呼ばれる半導体の技術進歩をフォローするのも容易ではありません。

さらに「半導体」といっても、メモリ、ＣＰＵ（ＭＰＵ）、センサーを始め、実に多種多様な製品があり、それらの機能・働きはそれぞれ異なりますし、それらの用途、あるいは市場の面でも多様なアプリケーションがあります。

製造面から見ても、半導体は多種多様な部品や材料、そして装置を用い、なんと数百以上もの複雑なプロセスを経て製造されます。そこに参入しているメーカーの顔ぶれもプロセスごとに違います。

例えば、インテル、サムスンの名前は聞いたことがあると思いますが、最近、熊本に工場を設置することで話題になった**台湾のＴＳＭＣ**とは？　人工知能（ＡＩ）で市場を席巻する**米エヌビディア**とは？　ソフトバンク傘下で２０２３年９月に米国ナスダックに上場した**英アーム**とは？　世界に睨《にら》みをきかす**オランダのＡＳＭＬ**とは？　そして日本の**東京エレクトロン**、**信越化学工業**とは……。これらの半導体産業における違いは何なのでしょうか？

このように、半導体産業をほんの少し紐解いてみても、その裾野が非常に広く、無数の関連業界で構成され、しかもそれら業界が複雑に入り組んだ産業構造をもっていることがわかります。これらの供給連鎖（サプライチェーン）の一か所でも切れると、さまざまな製品供給が世界的に滞ることを今回、私たちは思い知ったのではないでしょうか。

先ほど、筆者が「ひと口に半導体とは……」を説明するのはむずかしいといったことが、これで容易に想像できることでしょう。

本書では、半導体に関してできるだけ広い範囲を対象とし、それらを中学生の知識・理解度でも十分にわかる形で説明するように努めました。と同時に、単に広く浅くという平面的な説明で終始するのではなく、本書のタイトル「教養としての」に沿うように、現代に生きる私たちにとって必要な部分については、深みも確保するよう心掛けました。おそらく、筆者自身の世代しか知らないだろう経験談も多数、記しておきました。

　したがって、本書を通読することで、半導体全般についての理解を深められることはもちろんのこと、目的が個人的な興味や関連ビジネスのための知識を得ることであれば、適宜、必要な章、必要な項目を選んで読んでいただければ十分にその目的を達成できると考えています。

　なお、本文に入る前にお断わりしておきたいことがあります。それは、新聞やテレビ、あるいは会話などの中で、「半導体」「集積回路」「ＩＣ」「ＬＳＩ」「チップ」……などさまざまな名称が区別なく出てくることについてです。これらの言葉は厳密には異なるニュアンスや内容を意味していますが、一般的には「半導体」と呼ばれているものと同じです。このため、本書でも特に区別する必要のない場合には、この慣例に従ってその場に合う言葉で説明していきますので、ご了解いただければ幸いです。

　最後になりましたが、本書の執筆にあたり、筆者を日頃より温かい目で見守り、励ましてくれる松田葉子さんに改めて感謝の意を表します。

２０２４年３月

菊地正典

教養としての「半導体」◉目次

第4章 半導体はどんな歴史を辿ってきたのか？

第5章 そもそも「半導体」とは？

第7章　集積回路（IC）とは何か？

第8章 集積回路はどのようにつくられる？

第9章 半導体産業の今後と日本の立ち位置

附章　半導体業界の主なメーカーの特徴

カバーデザイン／小口翔平＋村上佑佳（tobufune）
DTP／ダーツ

第1章

半導体メーカーから部材メーカーまで

——半導体業界の相関図❶

1-1 半導体産業にはどんな業界があり、どんな業務を担っているのか？

半導体産業は広い裾野をもち、多種多様な数多くの関連業界から構成されています。また各業界に属する企業群や関連する研究機関なども多くあり、しかもそれらがグローバルな広がりの中で相互に複雑に関連し合って産業全体を構成するという構図になっています。業界関係者ならいざ知らず、そうでない人々にとっては複雑怪奇、伏魔殿のような世界です。

そこで最初に半導体産業の全体的イメージをつかむため、半導体産業にはどんな業界が含まれているのか、さらにそれらの各業界はどんな役割を担っているのかについて見ておくことにしましょう。

■半導体メーカー（IDM）と大手IT企業

インテルやサムスン、キオクシアなどの名前は聞いたことがあるでしょう。これらのいわゆる**半導体メーカー**（垂直統合デバイスメーカー）と呼ばれる企業群は、「半導体の設計から製造、さらに販売」に至るまでの半導体の一貫工程を自社ですべて行なう企業（業界）のことです。半導体業界では、一般にこれを**ＩＤＭ**（アイディーエム：Integrated Device Manufacturer）と呼んでいます。

　これに対し、グーグルやアップル、アマゾンなどの有名な**大手ＩＴ企業**の多くは、半導体の外販は行なわず、もっぱら自社で必要とする半導体の設計だけを行ない、製造面は専門のメーカー（ファウンドリー、ＯＳＡＴ《オーサット》などの企業）に委託します。大手ＩＴ企業も半導体業界の一つなのです。

■製造装置業界、部品・材料業界、ファブレス業界

製造装置業界というものもあります。これらは半導体の製造装置をつくり、その装置を半導体メーカー（ＩＤＭ）やファウンドリー、ＯＳＡＴなどに提供します。日本には東京エレクトロン（ＴＥＬ）、ディスコなど有力な半導体の製造装置企業が多数存在します。

部品・材料業界は、半導体の製造に必要な部品や材料をＩＤＭやファウンドリー、ＯＳＡＴなどに提供します。この分野も日本企業が強さを示しています。

ファブレスと呼ばれる企業群もあります。「ファブ」（fabrication の略）とは工場や設備のこと、つまり半導体の製造ラインのことです。そして「レス（less）」とは「無い」という意味

■図1-1-1　半導体業界の相関図

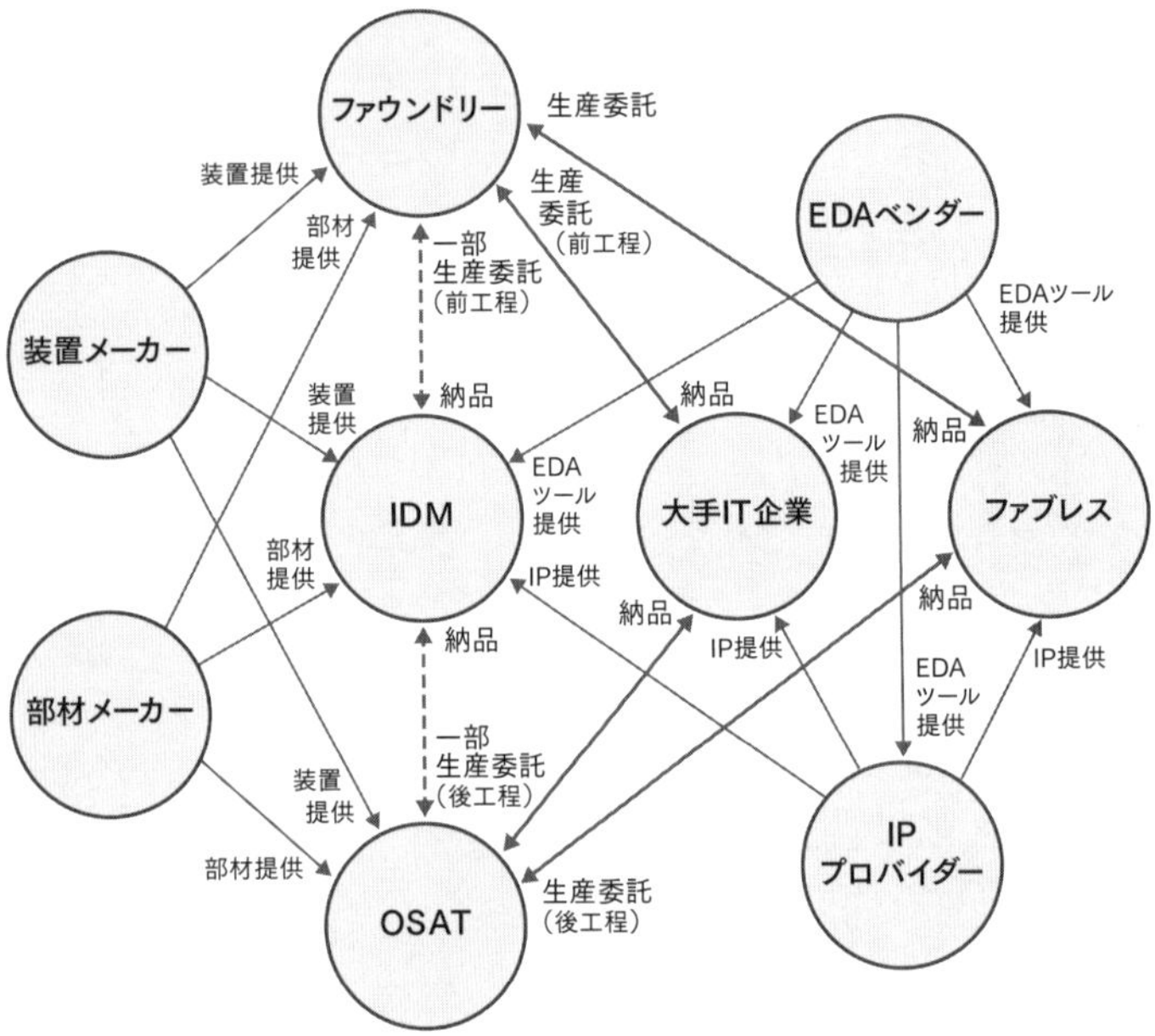

ですから、ファブレスとは工場設備をもたず、設計のみを行なう企業群のことを指します。

■ファウンドリーは前工程、OSATは後工程を担う

先ほどから「ファウンドリー、OSAT」という言葉が何度か出てきました。

ファウンドリー（foundry）とは、本来は鋳物《いもの》工場（型に金属を流し込んで生産する）のことを指しますが、半導体業界でファウンドリーといえば「半導体の製造ラインをもち、他社（ファブレス企業、大手IT企業など）からの受託生産を行なう企業群」のことを

指します。

　ＩＤＭ（半導体メーカー）は半導体の一貫生産を行ないますので、ファウンドリーと敵対する企業群と思うかもしれません。しかし、必ずしもそうではありません。というのはＩＤＭ自身、一部の半導体製品を自社ではなくファウンドリーに委託することもあるからです。このため、ファウンドリー企業の顧客としては、ファブレス企業、大手ＩＴ企業だけでなく、ＩＤＭをも包含しているといえます。

　もう一つ、**ＯＳＡＴ**（オーサット）とは、Outsourced Semiconductor Assembly and Test の意味で、アウトソース（外注：Out Sourced）されることによって、「組立・検査」（Assembly and Test）の工程を受託する企業群のことを指します。

「半導体の製造や組立を他社から依頼される会社」ということですが、そうすると、ファウンドリーとＯＳＡＴの違いは何でしょうか。それは半導体の「前工程」を受託・生産するのがファウンドリー企業で、半導体の「後工程」を受けもつのがＯＳＡＴ企業ということなのです。

■ＥＤＡベンダー、ＩＰプロバイダー、半導体商社

　ＥＤＡベンダーという、あまり聞かない名前の業界もあります。これはＥＤＡ（イーディーエー：Electronic Design Automation）と呼ばれる「電子設計の自動化」を行なう企業のこと

■図1-1-2　IDM、ファウンドリー、OSATの違い

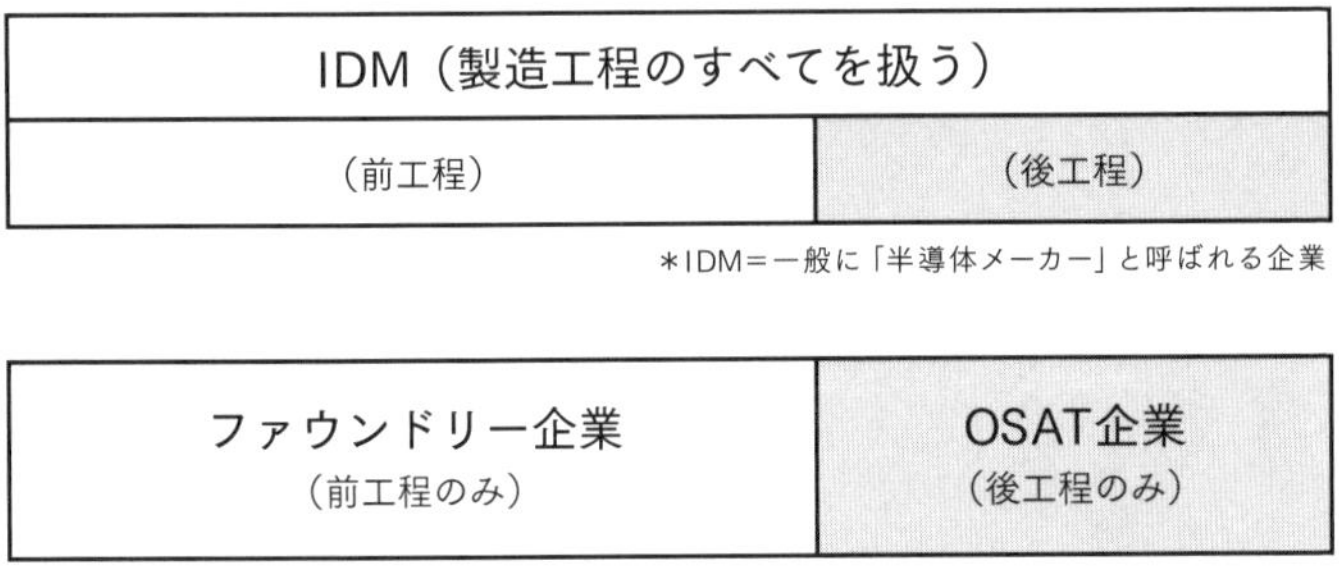

です。ＥＤＡベンダーは、ＩＤＭ企業（半導体メーカー）、大手ＩＴ企業、ファブレス企業、ＩＰプロバイダーなどに、半導体の設計に使うツール（設計ツール）を提供します。

ＩＰプロバイダーという企業も存在します。半導体のＩＰ（Intellectual Property）とは「半導体の知的財産、設計資産」のことで、このＩＰをＩＤＭ企業、大手ＩＴ企業、ファブレス企業に提供します。

最後に、**半導体商社**があります。半導体商社は、半導体メーカーがつくった半導体製品を仕入れ、電気・電子機器メーカーに販売する企業で、半導体製品の商流の中間に位置しています。

これらの多数の異なる企業群が「半導体の設計～生産～販売」にかかわっているため、なかなか一筋縄では理解できませんが、このような枠組みの中でさまざまな半導体企業がひしめきあい、ときには競合、ときには協同しているのが半導体業界の実態です。

■図1-1-3　半導体産業全体の市場を俯瞰すると

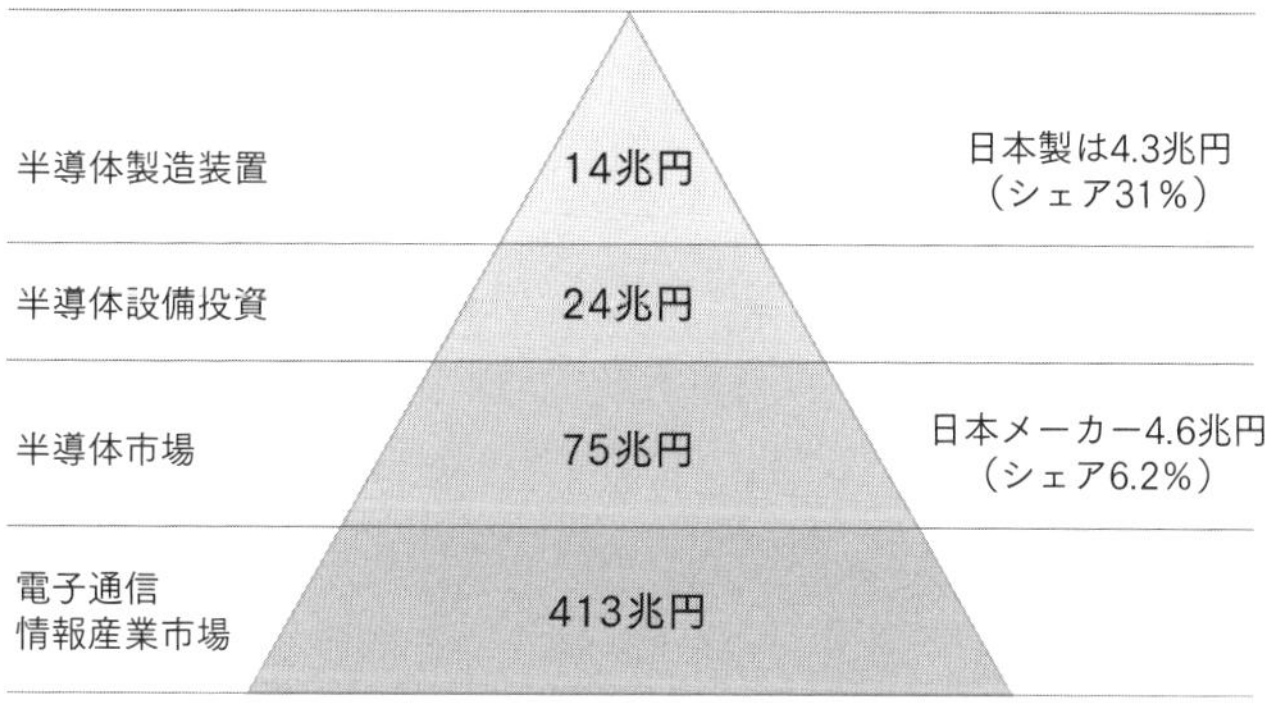

2022年度ベース（総務省、IC Insightsなどのデータから作成）

ただ、それぞれの業界の役割分担だけをこのように述べてもなかなか理解できないと思いますので、次の節ではこの１－１で分類した各々の半導体関連業界に属する代表的な企業名をあげることで具体的なイメージをつかんでもらい、さらにそれらの相関関係についても説明していきましょう。

上の図は、半導体全体の市場を俯《ふ》瞰《かん》してみたものですが、こうして見ると、半導体製造装置の市場は半導体市場（ＩＤＭなど）の５分の１程度で、逆に半導体を何らかの形で使った製品市場はＩＤＭなどの６倍近くにも及ぶ巨大市場に育っていることがわかります。

1-2 半導体メーカー（ＩＤＭ）が半導体業界の中心

一貫工程のＩＤＭ

前節で、ＩＤＭとは、「半導体生産のすべてを一貫して行なう」企業のことと述べました。その仕事を具体的にいうと、どんな半導体製品の開発が必要かを考え（企画し）、ＥＤＡベンダーから提供されたツールを用いてその半導体製品を設計し、必要に応じてＩＰプロバイダーから購入したＩＰ（設計資産）を利用します。

さらにＩＤＭ（半導体）メーカーはさまざまな製造装置メーカーから購入した各種装置を工場内に設置します。そして必要な部品・材料（部材）を部材メーカーから購入し、それを利用して目的とする半導体製品を製造します。つくった製品が目的に合致した製品になっているかどうかをテストし、合格（完成）した製品を出荷する――ここまでの長い工程を一貫して自社内で行なっているわけです。

例えばインテルは代表的なＩＤＭ企業ですが、自社内でＭＰＵ（パソコンの心臓部のこと、ＣＰＵともいう）製品を企画し、それを実現するためにシノプシスやケイデンスなどからＥＤＡツールを購入し、さらに、ＩＰプロバイダーから必要なＩＰを購入してＭＰＵを設計します。そして例えば、アリゾナ州チャンドラーの工場施設（ファブ）で「前工程の製造」を行ない、その後、アメリカ国内あるいはマレーシアなどにある「後工程の施設」で組立・検査をし、製品として出荷しています。

■ＩＤＭの代表的なメーカーと製品

ＩＤＭ（半導体メーカー）の代表的企業と製品名については次ページの表にあげた通りなので、ざっくりと説明しておきましょう。

まず、ＭＰＵ（ＣＰＵ）のトップメーカーとして知られているのが**インテル**（アメリカ）です。また、ＤＲＡＭ（ディーラム）を始めとしたメモリ分野のトップ企業が**サムスン電子**（韓国）で、同じくメモリ分野で2位の**ＳＫハイニックス**（韓国）の韓国勢が続きます。

アメリカの**マイクロン・テクノロジー**（通称マイクロン：アメリカ）はメモリ分野の世界第3位で、**テキサス・インスツルメンツ**（通称ＴＩ：アメリカ）はＤＳＰ（デジタル信号処理を行なうＩＣ）分野での世界トップ企業、**インフィニオン・テクノロジーズ**（ドイツ）はパワー

■図1-2-1　IDM（半導体メーカー）の主な企業と製品

メーカー名（国籍）	主要製品	コメント
インテル（アメリカ）	MPU、チップセット、NORフラッシュ	MPUのトップメーカー。IDM2.0（IFS）推進中
サムスン電子（韓国）	DRAM、NANDフラッシュ、イメージセンサー	メモリのトップメーカー
SKハイニックス（韓国）	DRAM、NANDフラッシュ	メモリで世界2位
マイクロン・テクノロジー（アメリカ）	DRAM、NANDフラッシュ	メモリで世界3位
テキサス・インスツルメンツ（アメリカ）	DSP、MCU	DSPで世界1位
インフィニオン・テクノロジーズ（ドイツ）	MCU、LEDドライバー、センサー、パワーデバイス	パワー半導体のトップメーカー
キオクシア（日本）	NANDフラッシュ	東芝から分社。NANDフラッシュ（SSDに使用）の盟主
ウエスタンデジタル（WD：アメリカ）	NANDフラッシュ	NANDフラッシュとHDDのビジネス分離
STマイクロエレクトロニクス（スイス）	MCU、AD／DA、パワーデバイス	ディスクリート～LSIと製品カバー広い
ソニー（日本）	イメージセンサー	イメージセンサーのトップメーカー
NXPセミコンダクターズ（オランダ）	MCU	以前のフィリップスセミコンダクターズ
ルネサスエレクトロニクス（日本）	MCU、パワーデバイス	車載用MCU（マイコン）に強い
オン・セミコンダクター（アメリカ）	パワーデバイス、イメージセンサー	パワー半導体で世界2位。車載用イメージセンサーに強い
ローム（日本）	アナログIC、パワーデバイス	アナログICに強い。SiCパワーデバイス
三菱電機（日本）	パワーデバイス	パワー半導体で日本のトップメーカー（世界4位）
富士電機（日本）	パワーデバイス	SiやSiCのパワーデバイス
東芝（日本）	パワーデバイス	Siパワーデバイス。JIPが買収

半導体と呼ばれる分野のトップメーカーです。

そして東芝から分社した**キオクシア**（日本）はNANDフラッシュと呼ばれるメモリで有名です。これは最近ではハードディスクの代わりとして知られるSSDに使われています。同じくNANDフラッシュの**ウエスタンデジタル**（アメリカ：通称WD）

があります。

ほかにも、製品カバーの広い**STマイクロエレクトロニクス**（スイス）、イメージセンサーに強い**ソニー**（日本）、フィリップスの半導体部門が分社化した**NXPセミコンダクターズ**（オランダ）、車載用ＭＣＵに強い日本の**ルネサスエレクトロニクス**（日本）があります。**オン・セミコンダクター**（アメリカ）はパワー半導体部門で世界第2位、日本の**ローム**はアナログＩＣに強さを見せています。

なお、「**パワー半導体**」と呼ばれる分野では、三菱電機（日本）、富士電機（日本）、東芝（日本）などの日本勢が活躍しています。パワー半導体とは電力変換に使われる半導体のことで、高電圧・大電流を扱います。このため、ふつうの半導体とは異なり、高電圧・大電流に耐えられる構造をもった半導体がつくられています。

■IDMとファウンドリーの相乗り

以上、ＩＤＭ（半導体メーカー）の中で、インテルとサムスン電子は売上高の面で、互いに抜きつ抜かれつしながら世界のトップ争いを演じています。

また、ＩＤＭだといっても、製造をすべて自社の工場施設内で行なうとは限りません。一部の半導体製品をファウンドリーやＯＳＡＴに生産委託することもあります。というのは、半導体の一貫生産を行なうＩＤＭといえども、自社内に「最先端の半導体」を生産できるだけの施設や組立ラインがない場合、あるいは少量生産品の場合は、ファウンドリーなどに委託生産したほうがコストを下げられるメリットがあるからです。また、試作によりマスクのＯＫを確認してから自社で大量生産したい場合や、需給バランスのバッファ（緩衝）としてファウンドリー企業を利用したいなど、ＩＤＭがファウンドリーに委託する要因はさまざまです。

逆のケースもあります。本来はＩＤＭ企業でありながら、自社の最先端ファブ（工場設備）の稼働率を上げたいために、自社製品だけでなく他社製品をも受託生産するという場合です。このように、ファウンドリー的なビジネスを行なっているＩＤＭ企業もあります。そこはビジネスですから、型通りではなくさまざまな事情があるわけです。

例えば、**サムスン電子**はインテルと世界1、2位を競うＩＤＭ企業の雄ですが、実は世界第2位のファウンドリー企業でもあります（トップは台湾のＴＳＭＣ）。同様に、**インテル**はこれからの事業拡大のため、国（アメリカ）の支援を受けながらファウンドリービジネスに向けてその充実・拡大に努めています（ＩＦＳという名称を掲げて進めようとしている）。

結局、どのような形態を取ることがその半導体企業にとって有利に働くか、ということにすぎません。ですから、半導体業界の形は固定していて変わらないものと捉えるのではなく、揺れ動きつつ進化していく、と考えればよいと思います。

1-3 大手ＩＴ企業は自社用半導体に特化

独自チップにこだわる大手ＩＴ企業

「アップルやグーグルなど、大手ＩＴ企業は半導体企業ではない」とか、「半導体メーカーというよりも、外部から半導体製品を購入して使っているだけのユーザー企業ではないのか？」と誤解している人も多いと思いますが、彼らも立派な半導体企業です。

大手ＩＴ企業の特徴は、その半導体製品を外販しないことにあります。つまり、自社使用に限定した特別な半導体製品を企画し、ＥＤＡベンダーのツールを用いて設計し、必要に応じてＩＰプロバイダーから購入したＩＰ（半導体の知的財産）を利用し、自社に必要不可欠な半導体製品を設計します。ただし、その後の製造工程だけはファウンドリー（前工程）やＯＳＡＴ（後工程）に委託しています。

このように、大手ＩＴ企業の場合は、自社のビジネスを効率的に遂行する上で役立つ、独自で特化した機能や性能をもった半導体（チップ）をつくっているわけです。

例えば大手ＩＴ企業のアップルは、自社のスマホ（アイフォーン）に搭載するモバイルＯＳ用のＳＯＣ（System On a Chip）と呼ばれる、さまざまな機能をワンチップ化した半導体製品を企画し、それを実現するためにシノプシスやケイデンスなどのＥＤＡツールを使い、ＩＰプロバイダーのアーム（ＡＲＭ：イギリス）からモバイル機器用アーキテクチャのライセンスを受けています。

そして、最終的な量産では、ファウンドリーの最大手ＴＳＭＣ（台湾）などに前工程を製造委託し、後工程はＯＳＡＴの台湾ＡＳＥ（封止・検査の最大手）に製造を委託するという流れです。これが大手ＩＴ企業の基本的な半導体生産におけるスタイルといえます。

■大手ＩＴ企業の代表的メーカー

大手ＩＴ企業の代表的なメーカーとしては、アメリカの**ＧＡＦＡＭ**（ガーファム）があります。ＧＡＦＡＭとは、すなわちグーグル（Ｇ）、アップル（Ａ）、フェイスブック（Ｆ：現メタ）、アマゾン（Ａ）、マイクロソフト（Ｍ）の巨大ＩＴ企業5社を指します。

これら巨大ＩＴ企業は、主に自社に必要なＡＩ（人工知能）用のチップをつくっています。ＧＡＦＡＭだけではありません。同じく大手ＩＴ企業のシスコシステムズ（アメリカ）はネッ

■図1-3-1　大手ITの主な企業と製品

企業名（国籍）	主要製品	コメント
グーグル（アメリカ）	AIアクセラレータTPU4世代	PDKのオープンソース化へ
アップル（アメリカ）	AIアクセラレータ 「M1」「M2」「M3」	M1、M2は5nmプロセス、 M3は世界初3nmプロセス
メタ （旧フェイスブック：アメリカ）	データセンターなどのAI用	学習や推論、 GPUから独自AIチップへ
アマゾン（アメリカ）	オンデマンドAI処理「AZ2」	低コスト、低消費電力SOC
マイクロソフト（アメリカ）	サーバー／パソコン用CPU	クアルコムなどと共同開発
シスコシステムズ（アメリカ）	ネットワークプロセッサ	スペインに次世代半導体デバイス 設計センター
ノキア（フィンランド）	基地局用チップ	ワイヤレスMODEM事業を ルネサスに譲渡

〈用語解説〉
TPU: Tensor Processing Unit テンソル処理装置　　nm（ナノメートル）＝10^{-9}m
PDK: Process Design Kit プロセス設計キット
MODEM: Modulator-Demodulator モデム

トワーク用プロセッサを、ノキア（フィンランド）は基地局用チップなどを、GAFAM同様のやり方でつくっています。

グーグルは機械学習用のTPU（テンソル処理装置）と呼ばれるSOCを自社開発しています。アップルはアプリケーション用のプロセッサを自社開発し、アマゾンとメタ（旧フェイスブック）やマイクロソフトはAI用のチップをつくっています。

AI（人工知能）と機械学習とは同じ意味で使われることもありますが、AIのほうがより一般的な意味で使われています。機械学習とは、AIの中でも特に近年著しい発展を遂げたディープラーニングのことを指していうことが多くなっています。そのためディープラーニングを用いた最新のAI技術は、最近話題の**生成AI**（Generative AI：ジェネレーティブAI）にも活用されています。

1-4 製造装置業界は「前工程」向け、「後工程」向けの二つに分かれる

製造装置メーカーは、半導体の製造、すなわちシリコン（ケイ素）の基板上に多数のチップをつくり込む**前工程**向けと、完成した1個1個のチップを組立・検査する**後工程**向けの二つに大きく分かれます。そして、前工程に使われる装置をＩＤＭ企業やファウンドリー企業（前工程対応）に提供し、後工程用の装置をＩＤＭ企業やＯＳＡＴ企業（後工程対応）に提供します。

■前工程の特筆すべき製造装置メーカー

次ページの図「半導体製造工程の概略」を見ていただければ、前工程・後工程の中にどのような細かな工程があるか、それらがどのような順になっているかがおわかりでしょう。そして製造装置メーカー、材料メーカーがそれぞれの工程の装置・材料を提供します。また、ファウンドリー企業は前工程に、ＯＳＡＴ企業は後工程に対応していることがわかるでしょう。

細かい話は後の章にゆずって、ここではこのような工程があり、それらを生産している企業

としてどのようなメーカーがあるのかについて簡単に触れておくことにします。
33ページの表が前工程用の主な製造装置とその代表的メーカーです。

■図1-4-1　半導体製造工程の概略

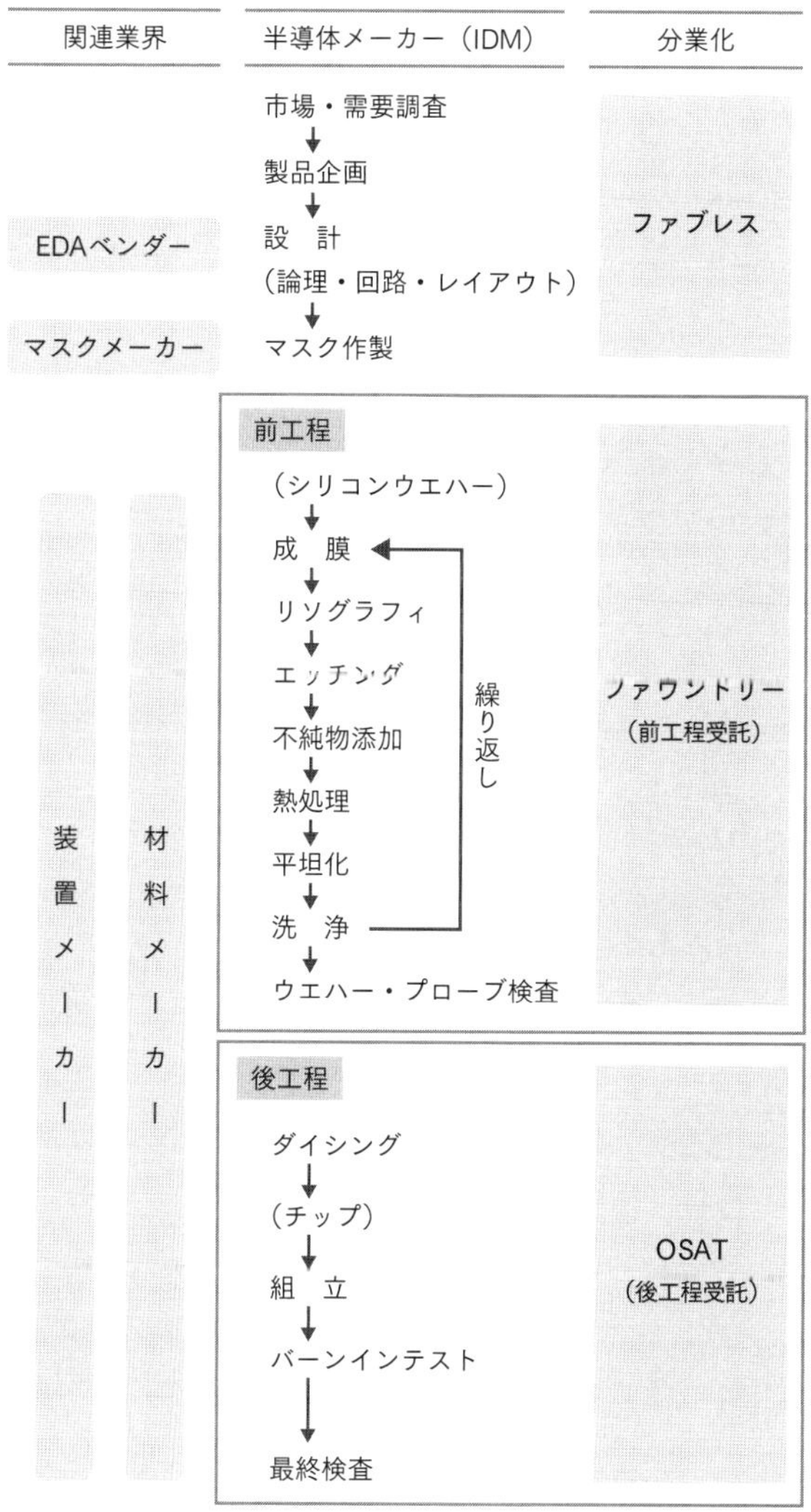

どの企業もそれぞれの工程で重要といえますが、その中でも特に覚えておきたい企業がＡＳＭＬ（オランダ）です。ほかにもアプライド・マテリアルズ（ＡＭＡＴ：アメリカ）、ラムリサーチ（アメリカ）、そして日本企業の東京エレクトロン（ＴＥＬ）、アルバック、表にはありませんがディスコ、レーザーテック、村田機械なども覚えておきたい企業です。

ＡＳＭＬ（オランダ）は先端露光装置に特化した企業で、それまでこの分野で強かったキヤノン、ニコンを一気に突き放しました。

なお、ＡＳＭＬとは別にＡＳＭインターナショナル（オランダ）という企業もあります。これは同じ製造装置企業で、ＣＶＤ（シリコンウエハー上に必要な薄膜を堆積させる装置）やＡＬＤ（薄膜を1原子層ずつ堆積させる装置）などの成膜装置、あるいは拡散炉など幅広い装置を扱っています。名前が非常によく似ていますが、ＡＳＭＬとＡＳＭインターナショナルは同じオランダ企業ではあっても別企業です。

アプライド・マテリアルズ（アメリカ）はＡＭＡＴと略されることも多い企業です。ＣＶＤ、ＡＬＤ、スパッタ、メッキなどの成膜装置、ドライエッチャー、ＣＭＰ装置（シリコンウエハーの研磨）などの代表的企業です。ラムリサーチ（アメリカ）も同様に、ドライエッチャー（薄膜を部分的に除去）、ＣＶＤ、ＣＭＰ装置、メッキ装置、ウエット洗浄装置（半導体の洗浄：半導体製造プロセスの30〜40％を占める）の企業として知られています。

■図1-4-2　「前工程」の主なメーカーと製品

個別工程	装置名	主要装置メーカー（国籍）
成膜工程	酸化・拡散炉	東京エレクトロン（日）国際電気（日）、大倉電気（日）、テンプレス（蘭）、ASM（蘭）、ジェイテクトサーモシステム（日）
	CVD装置	AMAT（米）、ラムリサーチ（米）、ASM、東京エレクトロン、ジュソンエンジニアリング（韓）、国際電気
	ALD装置	AMAT、ラムリサーチ、ASM、東京エレクトロン、ビーコ（米）、ベネック（フィンランド）、サムコ（日）
	スパッタ装置	AMAT、アルバック（日）、キヤノンアネルバ（日）、ASM、芝浦メカトロニクス（日）、ナウラ・テクノロジー（中）、東横化学（日）
	メッキ装置	AMAT、ラムリサーチ、EEJA（日）、東京エレクトロン、荏原製作所（日）、東設（日）、サイエンスアイ（日）、日立パワーソリューションズ（日）
	コーター・デベロッパー	東京エレクトロン、SCREEN（日）、セメス（韓）
リソグラフィ	露光装置	ASML（蘭）、ニコン（日）、キヤノン（日）
エッチング	ドライエッチャー	ラムリサーチ、東京エレクトロン、AMAT、日立ハイテク（日）、サムコ、芝浦メカトロニクス
	ウエットエッチャー	SCREEN、ラムリサーチ、ジャパンクリエイト（日）、ミカサ（日）
不純物添加	イオン注入装置	AIBT（米）、アムテック（米）、アクセリス（米）、日新電機（日）、AMAT、アルバック、住友重機イオンテクノロジー（日）
平坦化	CMP装置	AMAT、荏原製作所、東京精密（日）、ラムリサーチ、スピードファム（米）、ストラスボー（米）

（注）蘭＝オランダ

■製造装置では日本企業が強みを発揮

日本企業も半導体の製造装置の分野では強みを発揮しています。

まず、東京エレクトロンはコーター・デベロッパー（感光液の塗布・現像）、酸化・拡散炉、ドライエッチャー、ＣＶＤやＡＬＤなどの成膜装置、洗浄装置、メッキ装置、プローバ（電気的検査に使う装置）など幅広い装置を扱っています。

ディスコはウエハー研削機やダイサーなどで知られます。ダイサーとはウエハーの円板につくり込まれた多数のチップを1個1個に切断する装置のことです。

ほかにも、スパッタ装置やイオン注入機を製造するアルバック、テスターやＥＢ（電子ビーム）直描装置のアドバンテスト、検査装置のレーザーテック、ウエハー搬送機メーカーとしての村田機械なども、これら製造装置の分野で強い日本企業です。

なお、日本の製造装置メーカーの中では東京エレクトロンの売上高が突出しています。

■後工程の特筆すべき製造装置メーカー

後工程（組立・検査）用の製造装置メーカーとしては、プローブ試験（電気的試験）のテラダイン（アメリカ）、マウンター（パッケージにチップを固着する装置）のＢＥセミコンダクター・インダストリーズ（オランダ）、キヤノンマシナリー（日本）、ＡＳＭパシフィックテクノロジー（シンガポール）、キューリック・アンド・ソファ（シンガポール）などがあります。

また、金線をチップとパッケージのリード線とをつなぐワイヤーボンダーの分野では、ＡＳＭアッセンブリー・テクノロジー（オランダ）、ＤＩＡＳオートメーション（香港）、キューリック・アンド・ソファ（シンガポール）、新川（日本）などが知られます。

さらにモールディング（封止）装置では、ＴＯＷＡ（日本）、ＡＳＭパシフィックテクノロジー（シンガポール）、ＢＥセミコンダクター・インダストリーズ（オランダ）、Ｉ－ＰＥＸ（日本）、岩谷産業（日本）などがあります。

■どんな基準で製造装置メーカー、機種を選んでいるのか？

ところで、同じ半導体製造装置であっても、半導体メーカー（ＩＤＭ）やファウンドリー企業がどこのメーカーのどの機種を選ぶかについては、さまざまな要素があります。

もちろん、基本は装置性能、すなわち半導体メーカーやファブレス企業が求める仕様が満たされているか否かですが、その他にも価格、納期、スループット（単位時間あたりの処理能力）、フットプリント（設置面積）、サービスなど、もろもろの検討要素があります。

また当然ながら、性能差、価格差などにはっきりとした違いがない限り、以前から使って慣

■図1-4-3　「後工程」の主なメーカーと主要製品

個別工程	装置名	主要装置メーカー（国籍）
ウエハー・プローブ検査	プローバ	日本マイクロニクス（日）、東京精密（日）、東京エレクトロン（日）、ハイソル（日）、ダイトロン（日）、ティアック（日）、オプトシステム（日）
	テスター	アドバンテスト（日）、テラダイン（日）、テセック（日）、アジレント・テクノロジーズ（米）、シバソク（日）、スパンドニクス（日）
ダイシング	ダイサー	ディスコ（日）、東京精密、アピックヤマダ（日）
マウント	マウンター	BEセミコンダクター・インダストリーズ（蘭）、キヤノンマシナリー（日）、ASMパシフィックテクノロジー（星）、キューリック・アンド・ソファ（星）
ボンディング	ボンダー	ASMアッセンブリー・テクノロジー（蘭）、DIASオートメーション（香）、キューリック・アンド・ソファ、新川（日）、東レエンジニアリング（日）
樹脂封止	モールディング装置	TOWA（日）、アピックヤマダ、ASMパシフィックテクノロジー、I-PEX（日）、BEセミコンダクター・インダストリーズ、岩谷産業（日）
信頼性試験	バーンイン装置	STKテクノロジー（日）、エスペック（日）

（注）星＝シンガポール

れているメーカーの装置のほうが安心できる、という面は否定できません。

あくまでも個人的な、筆者自身のＩＤＭでの技術部長としての経験からいえば、例えばドライエッチング装置（ＩＣに精密な加工処理を行なう）の導入を考えた場合、酸化膜用には東京エレクトロンの装置、金属膜や多結晶シリコン膜用にはラムリサーチの装置が性能的に良いという感触をもっていました。

製造装置に付加されたノウハウ

筆者がよく質問される疑問について、お答えしておきましょう。それは製造装置の使い方について で、「装置さえ購入し、それを使いこなせれば、誰でも思い通りの半導体をつくれるのか？」という疑問です。

韓国の半導体メーカーが躍進したことについて、次のような話があります。

「日本の製造装置メーカーが韓国企業に提供した半導体製造装置には、単にメカとしての『装置』だけではなく、日本の半導体メーカーと連携・協同してつくり上げたレシピや使い方、さらにはプロセス条件を通じてのノウハウが『装置に付随した形』で韓国企業に提供され、それらのノウハウが流出した。その結果、装置を買った韓国半導体メーカーはレシピ、ノウハウまで入手でき、迅速に製造技術をマスターでき、レベルアップできた」

という説です。筆者自身は、これは日本の半導体メーカーが韓国メーカーに追いつかれ、さらに追い越されたことに対する半導体メーカー側の苦し紛れの言い訳と捉えています。

もちろん、このようなことが皆無だったとは申しませんが、むしろ半導体製造の縦プロセスフロー（個々のプロセスをつなぐ一連のフロー、流れ）とプロセス条件（温度、圧力、ガス流量など）の情報が韓国メーカーに流れ、それが装置の使い方やプロセス条件と一体化することで起こったのではないかと感じています。

その意味で、日本の半導体メーカーからの情報流出、さらには特許防衛の認識の甘さにこそ、そもそもの原因があったのではないでしょうか。

1-5 部品・材料業界は日本企業が世界最強

半導体製品をつくるためには、製造装置があればいいわけではありません。それだけでは何もつくれません。実に多種多様な部品・材料（部材ともいう）が必要です。ここでは部品・材料を網羅的に列挙してもキリがありませんので、主要なものについてのみ取り上げたいと思います。

というのは、そもそも高純度ガス一つを取り上げても、有機ガス／無機ガスの違いがありますし、また目的によって成膜用ガス、ドライエッチング用ガス、洗浄用ガスなどの違いがあります。

同様に、高純度薬液に関しても有機薬剤／無機薬剤の違いがあり、また目的によってウエットエッチング用、ウエット洗浄用、リンス用、乾燥用の薬剤などの別があります。

このため、細部に立ち入ると煩雑になりすぎ、肝心の理解がむずかしくなりますので、ここでは一般的な形での説明をしたいと思います。

■「前工程」で使用される部品・材料メーカー

半導体製造の「前工程」で使用される部品・材料としては、主なものに、シリコンウエハー（ＩＣの円板）、フォトマスク（レチクル：必要な回路パターンを焼き付ける）、フォトレジスト、各種の高純度ガス、高純度薬液などがあります。

これらの部品・材料を提供する主要メーカーの名前を見ていくことにしましょう。

まず、円板状の「**シリコンウエハー**」です。これは半導体の大もととなる材料で、ＩＤＭ（半導体メーカー）やファウンドリー企業に提供されます。それを提供するシリコンウエハー企業としては、信越化学工業（日本）、グローバルウェーハズ（台湾）、ＳＵＭＣＯ（日本）、ＳＫシルトロン（韓国）などがあります。信越化学工業、ＳＵＭＣＯは世界第１位、第２位のウエハー会社です。

なお、非常に混同しやすいのでひと言、申し上げておきます。ＳＵＭＣＯ（サムコと発音）は東京に本社を置く企業ですが、京都の「サムコ」とは発音は同じですが、まったく別の企業です。ＳＵＭＣＯはシリコンウエハーの企業、サムコはＣＶＤ装置、エッチング装置をつくる企業であり、別企業です。

「**フォトマスク**」（レチクル）に関しては、フォトロニクス（アメリカ）、大日本印刷（日本）、

ＴＯＰＰＡＮホールディングス（以下、ＴＯＰＰＡＮ）（日本）、ＨＯＹＡ（日本）、日本フィルコン（日本）、ＳＫエレクトロニクス（韓国）などが知られています。

「スパッタリング・ターゲット」（薄膜形成用の部材の一つ）としては、ＪＸ金属（日本）、高純度化学研究所（日本）、アルバック（日本）、三井金属鉱業（日本）、三菱マテリアル（日本）、フルウチ化学（日本）、大同特殊鋼（日本）などがあります。

また、**「ＣＭＰ用スラリー」**（ウエハーの研磨剤）としては、キャボット（アメリカ）、富士フイルム（日本）、フジミ・コーポレーテッド（日本）、レゾナック（日本）、ＢＡＳＦ（ドイツ・バスフ）、ニッタ・デュポン（日本）、ＪＳＲ（日本、官民ファンドのＪＩＣが買収予定）、トッパンインフォメディア（日本）、エアー・プロダクツ・アンド・ケミカルズ（アメリカ）などがあります。なお、レゾナックとは２０２３年に昭和電工と昭和電工マテリアルズの統合で誕生した企業のことです。

半導体をつくる際に大量に使われる洗浄水として**「超純水」**（パーティクルや不純物のほとんどない水）があります。この超純水の製造企業としては、栗田工業（日本）、オルガノ（日本）、野村マイクロ・サイエンス（日本）などの日本企業が知られています。

電気的検査に使われる**「プローバ」**としては、東京エレクトロン（日本）、東京精密（日本）、日本マイクロニクス（日本）、ティアック（日本）、オプトシステム（日本）などがあります。

「**フォトレジスト**」（感光性材料）に関しても日本勢が強く、日本のＪＳＲ、東京応化工業、信越化学工業、住友化学、富士フイルム、レゾナックなどがあります。

また、純度を99・999％まで高めた「**高純度ガス**」に関しては、大陽日酸（日本）、三井化学（日本）、セントラルガラス（日本）、関東電化工業（日本）、レゾナック（日本）、エアー・プロダクツ・アンド・ケミカルズ（アメリカ）、エア・リキード（フランス）、ＳＫマテリアルズ（韓国）、アデカ（日本）、日本ゼオン（日本）、フォーサング（韓国）などの多数のメーカーが存在します。なお、大陽日酸の社名は書き間違いやすいのですが、「太陽」ではなく「大陽」と書きます（発音は「たいよう」でよい）。

さらに半導体製造工程における酸化膜の除去を含め、さまざまな洗浄液として使われる「**高純度薬液**」に関しては、ＢＡＳＦ（ドイツ）、そして日本の三菱ケミカル、関東化学、ステラケミファ、ダイキン工業、森田化学工業、トクヤマ、日本化薬などのメーカーがあります。

■「後工程」で使用される部品・材料メーカー

次に、後工程で使用される主な部品・材料メーカーを見ていきます。

半導体チップを固定して外部の配線との接続をするモールドパッケージ用の「**リードフレーム**」には、日本企業の三井ハイテック、新光電気工業、神鋼リードミックなどがあります。

■図1-5-1　ICのモールドパッケージング（DIP）

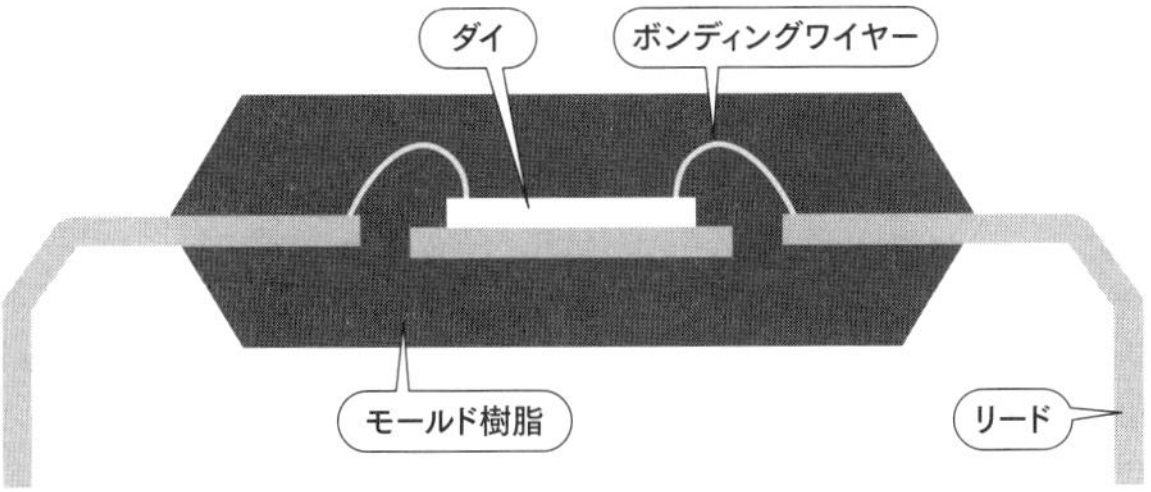

また、チップ上の電極とリードを電気的に接続する「**ボンディングワイヤー**」には、タツタ電線（日本）、ヘレウス（ドイツ）、兼松ＰＷＳ（日本）、ＴＡＹＡグループ（日本）、ＴＡＮＡＫＡホールディングス（日本）などがあります。

最後に「**モールド封止材**」があります。これは半導体チップをパッケージして光や湿気、ほこり、熱などから保護する樹脂材のことで、日本企業の住友ベークライト、レゾナック、信越化学工業、日本化薬などがあります。

半導体メーカーやファウンドリーがどこの部材を選択するかは、すでに製造装置について述べた理由とほとんど変わりません。あえて製造装置と異なる点をあげるなら、特にガスや薬液などに関していえば、半導体工場（設備）の近くにそれらの供給拠点があることが採用に際して有利に働くことになります。

＊　　＊　　＊

さて、第１章では「半導体業界の相関図」として、ＩＤＭ（半導体メーカー）、大手ＩＴ企業、製造装置メーカー、部材メ

■図1-5-2　部品・材料（部材）の主なメーカーと製品

部材名	主要メーカー（国籍）
フォトマスク（レチクル）	フォトロニクス（米）、TOPPAN（日）、大日本印刷（日）、HOYA（日）、SKエレクトロニクス（韓）
シリコンウエハー	信越化学工業（日）、グローバルウェーハズ（台）、SUMCO（日）、SKシルトロン（韓）
フォトレジスト	JSR（官民ファンドJICが買収）（日）、東京応化工業（日）、住友化学（日）、富士フイルム（日）、レゾナック（日）
スパッタリングターゲット	JX金属（日）、高純度化学研究所（日）、アルバック（日）、三菱マテリアル（日）、フルウチ化学（日）、大同特殊鋼（日）、三井金属鉱業（日）
CMP用スラリー	キャボット（米）、富士フイルム、フジミコーポレーテッド（日）、レゾナック、BASF（独）、ニッタ・デュポン（日）、トッパンインフォメディア（日）、エアー・プロダクツ・アンド・ケミカルズ（米）
リードフレーム	三井ハイテク（日）、新光電気工業（日）、神鋼リードミック（日）、ASMパシフィックテクノロジー（星）、チャン・ワ・テクノロジー（台）、ヘソンDS（韓）、アドバンスト・アセンブリー・マテリアルズ・インターナショナル（台）
熱硬化性樹脂	住友ベークライト（日）、レゾナック、信越化学工業、日本化薬（日）

ーカーの相関図を取り上げてきましたが、第2章ではファブレス、ファウンドリー、OSAT、EDAベンダー、IPプロバイダー、半導体商社を取り上げることにします。

第 2 章

台頭するファブレス、ファウンドリー

——半導体業界の相関図❷

2-1 工場をもたない「ファブレス企業」の躍進

■自分では製造しない「ファブレス企業」

ファブレス企業はＥＤＡベンダーのツールを利用し、必要に応じてＩＰプロバイダーからＩＰを購入し、半導体の設計を行ないます。しかし、製造は自社では行なわず、ファウンドリー（前工程）やＯＳＡＴ（後工程）の企業に委託します。

ファブレス企業が行なっている業務は、先に述べた大手ＩＴ企業のそれと似ているように見えるかもしれません。

では何が違っているかというと、それは開発する製品がファブレス企業の場合は自社向けと汎用性のある外販向けであるのに対し、大手ＩＴ企業の場合はもっぱら自社使用に特化した専用の半導体製品であり、外販はしないという点が大きく異なります。

代表企業はエヌビディア、クアルコム

ファブレス企業の代表的メーカーをあげると、アームベースのCPUアーキテクチャやモバイルSOCを開発している**クアルコム**（アメリカ）、無線用や通信インフラ用のチップの**ブロードコム**（アメリカ）、GPUの巨人**エヌビディア**（アメリカ）、スマホ向けプロセッサのメディアテック（台湾）、プロセッサなどの**アドバンスト・マイクロ・デバイセズ**（AMD：アメリカ）、アームアーキテクチャのSOCなどのハイシリコン（中国）、ネットワーク系SOCのマーベル・セミコンダクター（アメリカ）などの大手企業がありますが、ファブレス業界はIDMとは異なり、数多くのメーカーでひしめきあっています。

日本にもSOCソリューションのソシオネクスト、任天堂向けゲーム機用のシステムLSIをつくっているメガチップス、ルーター用のエレコムなど、中小の多くのファブレス企業があります。

ファブレス企業の中では、GPUに特化したエヌビディアと、プロセッサ（MPU）のアドバンスト・マイクロ・デバイセズ（AMD）の近年の業績の伸びが注目されます。

ファブレス企業の名前を見ていくと大手メーカーもありますが、その他にも数多くの中小企業がグローバルに存在しているのが、ファブレス業界の大きな特徴です。

■図2-1-1　ファブレスの主なメーカーと製品

企業名（国籍）	主要製品	コメント
クアルコム（アメリカ）	アームベースCPU、モバイルSOCやチップセット	CDMA方式携帯電話用チップでほぼ独占
ブロードコム（アメリカ）	無線／通信インフラ用チップ、SOC／CPU	ヒューレット・パッカードを起源とする
エヌビディア（アメリカ）	GPU、GPGPU、アーム統合SOC	2023年通期の売上で世界第1位に
メディアテック（台湾）	スマホ向けプロセッサ、デジタルTV向け	UMCの分社化からスタート
アドバンスト・マイクロ・デバイセズ（アメリカ）	MPU、GPU	データセンター用などで近年成長が著しい
ハイシリコン（中国）	アームベースの携帯向けSOC	ファーウェイ傘下
マーベルセミコンダクター（アメリカ）	ネットワーク系SOC	2018年にGSA賞を受賞
ソシオネクスト（日本）	高性能カスタムSOC（車載、5G、データセンター）	富士通とパナソニックの半導体部門の統合会社
メガチップス（日本）	ゲーム機用システムLSI	任天堂向け
エレコム（日本）	チップセット、インターフェース用	ルーター用

〈用語解説〉
CDMA: Code Division Multiple Access 符号分割多元接続
GPGPU: General Purpose computing on Graphics Processing Unit, GPUによる汎用計算
GSA: Global Semiconductor Alliance グローバル半導体アライアンス

2-2 製造工場としてのファウンドリーとOSAT

■ファウンドリー市場をも睨むサムスン、インテル

ファウンドリーは、ファブレスや大手IT企業が設計したチップの製造「前工程」を受託し、自社がもっている製造ライン（前工程用の工場：ファブ）で製造します。

ファウンドリーとしては、TSMC（台湾）、サムスン電子（韓国）、グローバルファウンドリーズ（アメリカ）、SMIC（中国）、UMC（台湾）、インテル（アメリカ）、パワーチップ（台湾）、バンガード・インターナショナル・セミコンダクター（台湾）、ファホンセミコンダクター（中国）、DBハイテック（韓国）などがあります。

ファウンドリーの雄・台湾のTSMCは、米中覇権争いの中で最重要戦略物資となった先端半導体の供給メーカーとして、地政学的な意味も含めて大きな注目を集め、マスコミなどにもしばしば登場しています。

またサムスン電子とインテルについては、第１章でＩＤＭとして説明しました。しかし、ファウンドリー事業も行なっていて、今後はファウンドリー事業を拡大しようとしています。ＴＳＭＣは先端技術を用いたチップの製造でサムスン電子と熾烈な競争をしています。

■全般を扱うファウンドリー、専門的な受託に絞るファウンドリー

ＴＳＭＣ（台湾）など多くのファウンドリー企業は、ＣＰＵもメモリも、あるいはロジックについても、ワンチップに内蔵したＳＯＣを受託生産しています。このため、実質的にはさまざまな製品に対応できるプロセスをもっているのがファウンドリーです。

といっても、なかにはロジック専門、メモリ専門というファウンドリーもありえます。例えば台湾のＰＳＭＣは以前、メモリ専門のファウンドリーとして知られていました。ただし、現在はロジックに転換して成功を収めています。

しかし、メモリ専門のファウンドリーの場合、メモリという製品の性格上（価格の乱高下が激しい）、メモリ単独では経営上、むずかしい面があるのではないかと考えます。

ＴＳＭＣやサムスンなどの最先端半導体を生産できるファウンドリー企業に対し、グローバルファウンドリーズ（アメリカ）やパワーチップ（台湾）など、数世代前のテクノロジーノード（プロセス技術）の半導体製品に限って生産するファウンドリーもあります。これからもア

■図2-2-1　ファウンドリーの主なメーカーと製品

企業名（国籍）	コメント
TSMC（台湾）	先端半導体の世界シェア70%を占める世界トップのファウンドリー
サムスン電子（韓国）	IDMと兼業。世界2位のファウンドリー。ファウンドリーの生産増強（韓・平沢、米・テキサス）
グローバルファウンドリーズ（アメリカ）	AMDの分社半導体部門とチャータード・セミコンダクターと元IBMの半導体部門から構成
SMIC（中国）	ファーウェイに7nmプロセスを提供
UMC（台湾）	世界3位のファウンドリー
インテル（アメリカ）	IDMと兼業。IFS（IDM2.0）ファウンドリー事業の強化・拡大
PSMC（台湾）	SBIと共同で宮城県に工場建設
バンガード・インターナショナル・セミコンダクター（台湾）	TSMC傘下
ファホンセミコンダクター（中国）	200mm／300mmシリコンウエハー使用
DBハイテック（韓国）	200mmウエハー対応SiCパワー半導体

〈用語解説〉
TSMC: Taiwan Semiconductor Manufacturing Company、ティーエスエムシー
IFS: Intel Foundry Service
UMC: United Microelectronics Corporation
PSMC: Power Semiconductor Manufacturing Company、ピーエスエムシー
SBI: SBIホールディングス（日本の金融持株会社）

プリケーションによっては「限定市場狙い」のファウンドリーの存在する余地があるかもしれません。

■OSAT企業は「後工程」

OSATは、半導体製造の「後工程」を請け負う企業群です。生産設備をもたないファブレス企業や大手IT企業から、後工程を請け負います。

OSATで有名な企業としては、ASE

■図2-2-2　OSATの主なメーカーと製品

企業名（国籍）	コメント
ASE（台湾）	世界最大のOSATメーカー。シェア20数％。車載向けなど
アムコー・テクノロジー（アメリカ）	OSATのパイオニア的存在。データセンターやHPC（ハイパフォーマンス・コンピューティング）向け
JCET（中国）	中国最大のOSATメーカー。SMICも株主。高集積SIPや2.5D／3D技術
SPIL（台湾）	EMS最大手の鴻海（ホンハイ）精密工業と資本提携
PTI（台湾）	テストハウスのテラプローブ社を子会社化
ファーティエン（中国）	JCET、TFMEと並んで中国パッケージング大手3社を構成
TFME（中国）	JCET、ファーティエンと並んで中国パッケージング大手3社を構成

（台湾）、アムコー・テクノロジー（アメリカ）、JCET（中国）、SPIL（台湾）、PTI（台湾）、ファーティエン（中国）、TFME（中国）、KYWS（台湾）などがあります。

　一貫工程をもつIDMメーカーであっても、自社で製造したチップ、あるいはファウンドリーに生産委託したチップについて、その組立・検査工程だけをOSAT企業に委託することもしばしばあります。

　OSAT業界では抜きん出て大きなシェアをもつ企業はほとんど存在せず、多くの企業にシェアが分散しています。

2-3 EDAベンダー、IPプロバイダーから半導体商社まで

■ EDAベンダーの役割は？

EDA（Electric Design Automation）とは、半導体を設計する際の各プロセスにおいて、作業効率化・自動化を図るために提供されるハードウェア、ソフトウェアのことです。

EDAベンダーは、IDMメーカー（半導体メーカー）、大手ITメーカー、ファブレス、IPプロバイダーなどの企業に対し、半導体の設計を自動化するためのハードウェアとソフトウェアを提供します。

なお、一般にEDAの場合はEDAメーカーというよりも「EDAベンダー」と呼ぶことが多いので、本書でもEDAベンダーと呼ぶことにします（ベンダーとは販売元といった意味）。

具体的なEDAツールとしては、論理合成、回路設計、パターン設計、レイアウト設計や、それらを検証するためのハードウェアとソフトウェアのツール、さらにはデバイス、プロセス、

■図2-3-1　ＥＤＡの主なベンダーと特徴

企業名（国籍）	コメント
シノプシス（アメリカ）	ケイデンスおよびシーメンスEDとともにEDAビッグスリーと呼ばれる
ケイデンス・デザイン・システムズ（アメリカ）	シノプシスおよびシーメンスEDとともにEDAビッグスリーと呼ばれる
シーメンスED（ドイツ）	シノプシスおよびケイデンスとともにEDAビッグスリーと呼ばれる。旧メンター・グラフィックス
アルデック（アメリカ）	FPGA設計およびシミュレーション
シルバコ（アメリカ）	株式非上場

回路、レイアウト、システムなどのシミュレーション用ツールを提供しています。

「ＥＤＡベンダーのビッグ３」と呼ばれているのが、**シノプシス**（アメリカ）、**ケイデンス・デザイン・システムズ**（アメリカ）、**シーメンスＥＤ**（ドイツ、旧メンター・グラフィックス）で、ビッグ３以外にもアルデック（アメリカ）、ベンサ・テクノロジーズ（カナダ）、シルバコ（アメリカ）などの有力企業があります。

　ＥＤＡベンダーの中には自社で有力なＩＰを開発・保有し、ＩＰプロバイダーとしての役割を果たしている企業もあります。

　ＥＤＡの代表的なツールの一つに、半導体の階層的な自動設計ツールがあります。半導体の設計というと、製品仕様に基づくシステム設計から始まり、レイアウト設計を経てフォトマスク（レチクルとも呼ばれる）作製のためにデータ作成の工程がありますが、これら各工程でそれぞれのＥＤＡツールが利用されています。

■ＩＰプロバイダーとは

ＩＰ（Intellectual Property）とは、もともと特許などの知的財産を意味する言葉でしたが、半導体業界では「設計で使用される機能回路ブロック」のことを意味します。このＩＰをＩＤＭメーカー、大手ＩＴメーカー、ファブレス企業に提供する企業が「ＩＰプロバイダー」と呼ばれるわけです。ＥＤＡベンダーと同様、ＩＰもＩＰメーカーというより「ＩＰプロバイダー」と呼ぶことが多いので、本書でもそのように呼ぶことにします。

半導体の分業化が始まった頃、日本のＩＤＭメーカー（ＮＥＣ、富士通など）のトップ層には次のように主張する人々がいました。

「優れた半導体を歩留まり良く、しかも安定的に開発するためには、設計から製造までの細かい擦り合わせが必須だ。その点、自社内で一貫してこれらの業務を行なえるデバイスメーカー（ＩＤＭ）こそ優れている」

と。しかし、それは幻想に過ぎませんでした。

というのは、半導体分野での急速な技術進歩により、一つの企業で設計から製造までのすべての段階において、半導体のアプリケーションの多様化、複雑化、専門化に対応するのは至難の業だったのです。

それよりも、ＩＰプロバイダーが保有する「確認済みの優れた設計資産（ＩＰ）」などを素早く利活用したほうが、高性能・高機能の半導体をより安定的に、しかも短期間に低コストで実現できるように時代は変わっていったのです。総合化ではなく、いわば「餅は餅屋に任せろ」の専門化・分化です。

■英アーム（ＩＰプロバイダー）の動向に注目集まる

ＩＰプロバイダーとしての**アーム**（ＡＲＭ：イギリス）は、組み込み機器、モバイル向けの低電力アプリケーションからスーパーコンピュータに至るまで、さまざまな電子機器で用いられるＣＰＵアーキテクチャを設計し、各社にライセンスしています。

アームについては、２０１６年に日本のソフトバンクが3兆円で買収し、マスコミを賑わしました。また２０２０年には4兆円でエヌビディア（アメリカ）への売却が決定されていました。しかし、アームをエヌビディアが買収するとなると、アームのもつスマホ用のＣＰＵ、そしてエヌビディアのもつＧＰＵの両方がエヌビディアの独占状態になる懸念があります。このため、アーム買収の許可が下りず、結局、実現しなかったのは周知の通りです。

その後、売却を諦めたソフトバンクグループは、アームを米国のナスダック市場に上場（２０２３年9月）しています（約10％の株式を売りに出した）。

■それ以外のIPプロバイダー

シノプシス（アメリカ）は先に述べたようにＥＤＡベンダーのビッグ3の一つですが、有力なＩＰプロバイダーでもあります。半導体業界で広く採用されているインターフェース仕様に採用されている豊富なＩＰソリューション・ポートフォリオを開発・保有しています。

ケイデンス・デザイン・システムズ（アメリカ）もＥＤＡベンダーではありますが、買収したテンシリカ（アメリカ）のカスタマイズされたＤＰＵ（データ処理装置）コア群、インターフェース・コア群、先端シリアル・インターフェース・コア群などのＩＰを提供しています。

イマジネーション・テクノロジーズ（イギリス）は、モバイル機器向けＧＰＵ回路のＩＰを提供しています。

シーバ（アメリカ）は、信号処理、センサーフュージョン、ＡＩプロセッサなどのＩＰを提供しています。

SST（アメリカ）は、マイコンに多用されていて、同社がスーパーフラッシュと呼ぶ、スプリットゲート方式のフラッシュメモリのＩＰを提供しています。

ベリシリコン（アメリカ）は画像信号処理プロセッサ用のＩＰを提供しています。**アルファウェーブ**（カナダ）は、マルチスタンダード・コネクティビティのソリューションＩＰを提供

■図2-3-2　IPの主なプロバイダーと特徴

企業名（国籍）	コメント
ラムバス（アメリカ）	SDRAMモジュールの一種のラムバスDRAM、低消費電力でマルチスタンダード接続可能なSerDes IPソリューション
eメモリー・テクノロジー（台湾）	書き換え回数の異なる4種類の不揮発性メモリIPを提供
アルファウェーブ（カナダ）	マルチスタンダード・コネクティビティIPソリューション
ベリシリコン（アメリカ）	画像信号処理プロセッサ用IP
SST（アメリカ）	マイコン製品に多く搭載されている、スプリットゲート方式の埋め込みフラッシュメモリIP。同社はスーパー・フラッシュ（Super Flash）と呼称している
シーバ（アメリカ）	信号処理、センサーフュージョン、AIプロセッサIP
イマジネーション・テクノロジーズ（イギリス）	モバイル向けGPU回路のIP
ケイデンス・デザイン・システムズ（アメリカ）	Tensilicaベースのコア群、先端メモリ・インターフェース・コア群、先端シリアルインターフェース・コア群などのIPコアを提供している
シノプシス（アメリカ）	業界で広く使用されているインターフェース仕様に対応した実績豊富なIPソリューション・ポートフォリオを提供している
アーム（イギリス）	組込機器や低電力アプリケーションからスーパーコンピュータまで、さまざまな機器で用いられるアーキテクチャを設計しライセンスしている

Tensilica：シリコンバレーを本拠他とする半導体IPコア分野の企業で、現在はケイデンスの一部
SerDes：Serializer /Deserializerの略で、コンピュータのバス等におけるシリアル／パラレルを相互変換する回路

しています。**eメモリー・テクノロジー**（台湾）は、書き換え回数の異なる4種類の不揮発性メモリIPを提供しています。**ラムバス**（アメリカ）は、SDRAMモジュールの一種であるラムバスDRAMや低消費電力でマルチスタンダード接続可能なサーデス（SerDes）用のIPを提供しています。

日本には、高速インターフェースソリューションの**シリコンライブラリ社**、組み込みシステム向け高効率プロセッサ用の**エヌエスアイテクス社**などのIPプロバイダーがあります。

これらのＩＰプロバイダーが提供している比較的規模が大きい**マクロIP**には、ファンクションブロック（スタンダードセル：シーケンスプログラム内で繰り返し使われる回路ブロックの部品化）、ＣＰＵやＤＳＰマクロ、インターフェースマクロ、メモリマクロ、アナログ／デジタル変換マクロ、クロック制御マクロなどが含まれています。

■半導体商社

最後に、**半導体商社**をご紹介しましょう。

半導体商社はその名の通り、半導体を取り扱う専門商社（卸）のことで、ＩＤＭメーカーやファブレス企業が開発した半導体を買い付け、顧客に販売する卸売業です。同時に技術的なサポートや製品のカスタマイズなどを行なうための技術者を抱えている企業もあります。

日本の半導体商社としては、独立系とメーカー系の二つに大きく分かれます。まず、独立系では海外の半導体の仕入れ・販売に強いマクニカ・ホールディングスを始め、加賀電子、レスターホールディングス、丸文などがあります。独立系半導体商社とは、特定メーカーの製品に限らずどこのメーカーの製品でも仕入れ・販売する商社のことで、数多く存在します。またメーカー系では、サムスン電子の製品を主に扱うトーメンデバイス、ルネサス（日本）の製品を主に扱うリョーサンなどがあります。

コラム

半導体産業の分業化の始まりと巨人TSMCの躍進

1980年代後半から1990年代初頭にかけて、日本の半導体は世界市場でシェア50%を超え、メモリに至ってはなんと75%という、圧倒的な地位を占めていました。このため日本の半導体メーカーは「**日の丸半導体**」ともてはやされていたものです。

この頃の半導体メーカーはすべて、設計から製造、さらに販売までを一貫して自社で行なう、いわゆるIDM（垂直統合型デバイスメーカー）でした。そんな状況下、半導体産業の大きな構造変化が静かに動き出していたのです。それは、垂直統合から水平分業化へという変化でした。すなわち、IDMのように全工程ではなく、半導体製造工程の「一部」のみを請け負い、「専門化していこう」とする動きで、業界の分化が始まっていたのです。

もちろん、従来からのIDMがなくなったわけではなく、分化したと捉えたほうがいいかもしれません。なかでも注目すべきは「**ファウンドリー**」でした。つまり、シリコンウエハー上に多数の半導体チップをつくり込む「製造前工程」を受託生産する業界の出現でした。

その先駆者となったのが1987年にモリス・チャンが設立した**台湾のTSMC**です。TS

MCは日本のマスメディアを賑わすことも多く、名前を聞いたことのある人も多いでしょう。TSMCはわずか30数年で時価総額60兆円と、トヨタの2倍の巨大企業に成長しました。また半導体は経済安全保障の観点からも最重要戦略物資といわれており、米中覇権争いの中で台湾という地政学的位置から見ても、世界の半導体製造の56%を占めるTSMCの重要性・緊張感はますます高まりつつある、といって間違いありません。

　では、TSMCが大躍進をなし得た理由はどこにあるのでしょうか。

　まず、モリス・チャンという炯眼《けいがん》で不屈の精神にあふれた優れた創業者・事業家によるところが大きいことは誰もが認めるところでしょう。また、台湾政府の存在も見過ごせません。実際、モリス・チャンがファウンドリービジネスを始めるにあたっては、台湾政府からの要請があったこと、またその後の台湾政府からの手厚い支援も見過ごせません。

　そのほか、技術的な面を含めて考えてみると、まず半導体技術の急速な進歩によって、それぞれの専門分野でのより高度な専門性と技術者集団が求められるようになったことがあります。また、先端半導体を製造するためのファブ（工場設備）への投資が巨大化したことと、1990年代初頭からシリコンバレーには多数の**ファブレス**（工場設備をもたない半導体企業）が生まれ、その結果、彼らは半導体の生産をファウンドリー企業に委託せざるを得なくなり、ここにファブレス企業とファウンドリー企業の相乗効果が促進されたことがあります。

さらに付け加えるなら、ＴＳＭＣは自社工場で生産する製品については一般的に**ＰＤＫ**（Process Design Kit）と呼ばれる、プロセスと設計で順守すべき基準（ルール）をオープンにし、それに従って設計された半導体のみを受託生産したことです。

ＰＤＫの内容は、ある半導体世代における微細化などの技術レベルによって決まる面もありますが、どの企業のどのラインで製造するか、すなわちどんな製造装置や部品・材料を使用し、どんなプロセス条件とプロセスフローで製造するか、などにも左右されます。

これに対し、日本の半導体メーカー（ＩＤＭ）は、自社のラインに最も適した「クローズしたＰＤＫ」に則して設計していたのです。そんなとき、ＴＳＭＣを始めとしたファウンドリー企業の多くがＰＤＫをオープンにしたことで、ファブレス企業は、そのＰＤＫに則って設計すれば、後はＴＳＭＣなどが責任をもって製造・受託してくれるメリットが得られたわけです。

そしてファブレス企業が増加すればするほど、ＴＳＭＣが受託する半導体企業や製品が増え、その実績が上がるにつれ、ＴＳＭＣのＰＤＫは世界的に揉まれながらデファクトな基準（事実上の基準）として広く定着するに至ったのです。

このように見てくると、半導体業界における「垂直統合から水平分業化」の動きは、コンピュータの「集中処理方式と分散処理方式」、あるいは「デパートと専門小売店」などの例に照らして、歴史的な必然だったのかもしれません。

第3章

半導体はどこで何に使われているのか？

3-1 半導体は「産業のコメ」

■産業のどこに、どう使われているのか？

「産業のコメ」という言葉は、戦後日本の経済用語で使われてきました。つまり、産業の中核を担い、幅広い分野で利用され、産業全体の基盤となり、日々の生活にも不可欠なモノを意味します。

日本の高度成長時代に「産業のコメ」といえば、「鉄鋼」を指していました。それが、その後の情報社会の進展に伴い、現在に至るまで、産業のコメといえば「半導体」を意味するように変化してきたのです。

では、「産業のコメ」とまでいわれるようになった半導体は、いったい産業のどこで、何に使われているのか、どんな働きをしているのか。答えとしては、「およそ多少なりとも知的な機能をもったモノで、半導体が使われているモノを探すよりも、使われていないモノを探すほうがむずかしい」と答えるのが一番ピッタリくるのではないでしょうか。

すなわち、コンピュータ、スマホなどのモバイル機器はもちろんとして、家電製品、クルマ、ＩＣカード、電子ゲーム機、さらには社会インフラ、通信、医療、産業機器、ＩｏＴ（モノとモノのネットワーク）、ドローン、ＡＩ（人工知能）、ロボットなど、数え始めたら枚挙に暇《いとま》がありません。

■半導体は「国の安全保障」を決する戦略物資に

日本人の目にはあまり見えないかもしれませんが、半導体は武器にも多数内蔵され、その武器の高機能化・高性能化に大きく寄与しています。

このためもあって、半導体は情報化の進んだ現代社会を経済的に支えているだけではなく、政治的・軍事的にもその重要性が一般の人々にも認知されつつあります。まさに一国の安全保障を左右する最重要な戦略物資になっているのです。

ひと口に半導体といっても、分野や用途によりいろいろな種類があります。その機能や複雑さもさまざまです。そこで、この章では、先に述べたような半導体が利用されているいくつかの分野と機器の例を取り上げて説明していきます。なかでも、「スマートフォン」と「クルマ」については少し詳しく述べたいと思います。

3-2 コンピュータとスマホ
——半導体が使われている分野と具体例

■「コンピュータ」は半導体利用の中心

「知的な働きをするモノは何か？」といえば、真っ先に思い浮かぶのがコンピュータでしょう。ひと口にコンピュータといっても、最上位のスーパーコンピュータ（スパコン）からサーバー、ワークステーション、そして身近なパーソナルコンピュータ（パソコン）に至るまで、さまざまな階層のコンピュータが存在します。

それらいずれのコンピュータも、使われている半導体の性能や数に違いはあるものの、心臓部にはＣＰＵ、グラフィック処理用としてＧＰＵ、さらにはロジックＩＣ、ＦＰＧＡ、主記憶（メモリ）用のＤＲＡＭ、ストレージ用のフラッシュメモリ（ＳＳＤ）、各種制御用のＩＣ、通信用のＩＣなど、さまざまな半導体ＩＣから構成されています。

例えば２０２２年に世界一の性能を達成した日本のスパコン「富《ふ》岳《がく》」は、特製ＣＰＵ

（A64FX）を15万個以上も使用しています。

一般的に上位階層のコンピュータほど、より高性能なＣＰＵが使われています。例えばインテルのＣＰＵの場合、データセンター、業務用サーバー、ワークステーション向けの上位のＭＰＵであるXeon（ジーオン）から、パソコン向けのCore i（コアアイ）シリーズ、下位のCeleron（セレロン）などがあります。

また最近、ＣＰＵ部門で業績を伸ばしているＡＭＤ（アメリカ）にも、上位機種としてのＥＰＹＣ（エピック）シリーズや中位から下位機種のRyzen（ライゼン）シリーズなどがあります。

■「モバイル機器」では低消費電力が求められる

ノートパソコン、スマートフォン、タブレット端末などの、いわゆる「モバイル機器」には、パソコンなどのコンピュータと同様に、ＣＰＵ、ＧＰＵ、メモリ、ストレージ、制御用ＩＣ、入出力用ＩＣ、通信用ＩＣ、電源制御用ＩＣなどが積まれ、さらにモバイル機器に特有なメロディＩＣ（メロディを再生）、ＭＥＭＳセンサー（圧力センサー、加速度センサーなど）、イメージセンサー、アナログ／デジタル変換用ＩＣなどが使われています。

モバイル機器はパソコンなどがＡＣ電源を使用するのとは異なり、バッテリ駆動をします。

■図3-2-1　スマホの内部構成

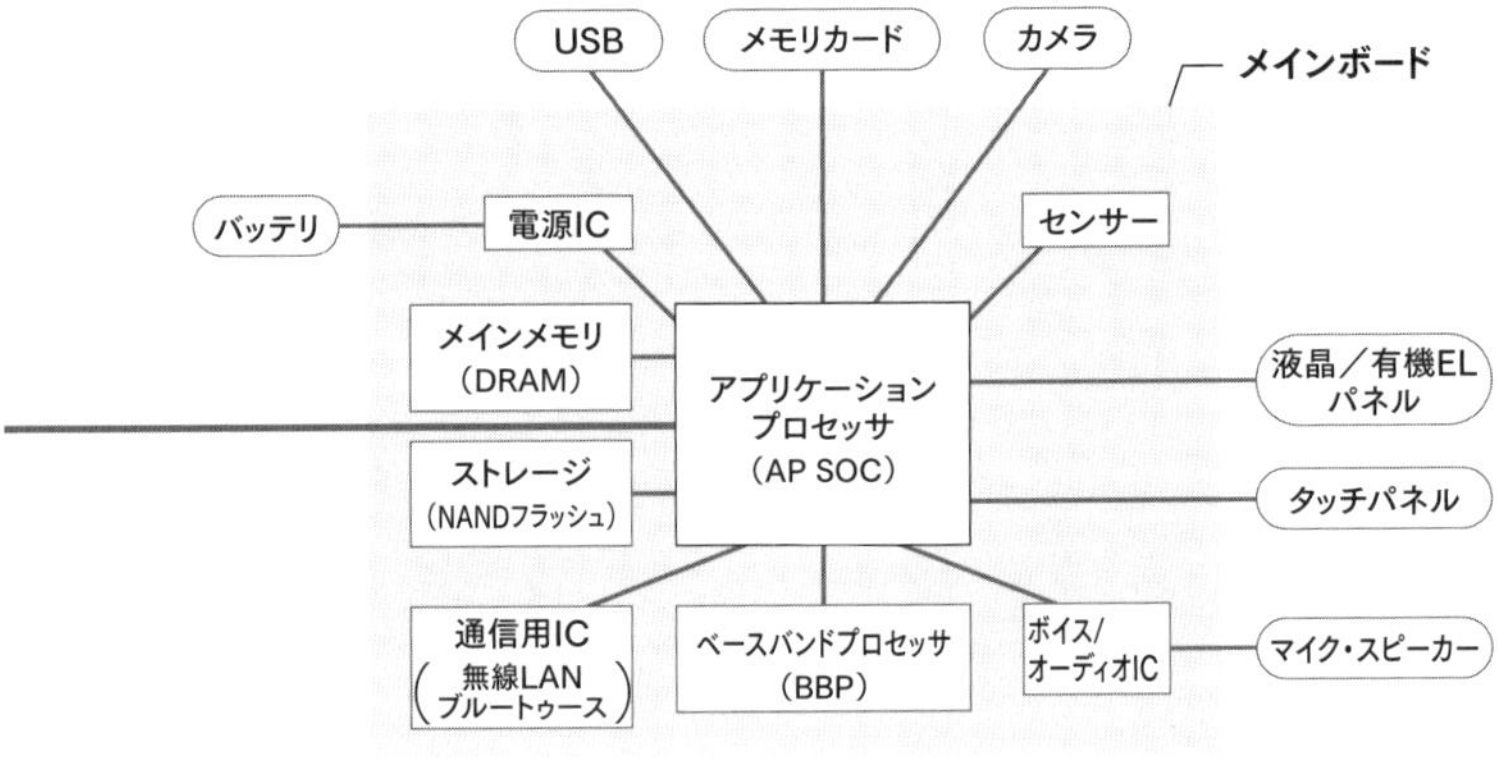

このため、モバイル機器向けのＣＰＵでは、パソコン用ＣＰＵなどに比べて多少性能（動作速度など）を落としてでも、低消費電力で動作することがより重視されます。

■「スマホ」に使われている半導体ＩＣ

モバイル機器用半導体の代表例として、最先端半導体の粋とでも呼ぶべきスマホ（スマートフォン）を取り上げ、その内部を覗いてみましょう。スマホで使われているメインボード上には大きく分けて以下のような半導体が積まれています。

アプリケーションプロセッサ（ＡＰ）と呼ばれるＳＯＣ（多機能ワンチップＩＣ）は、スマホの心臓部として各種の処理や制御を行ないます。アプリケーションプロセッサの内部構成については後で詳しく説明しますが、代表的なメーカーおよ

■図3-2-2　アプリケーションプロセッサの内部構成

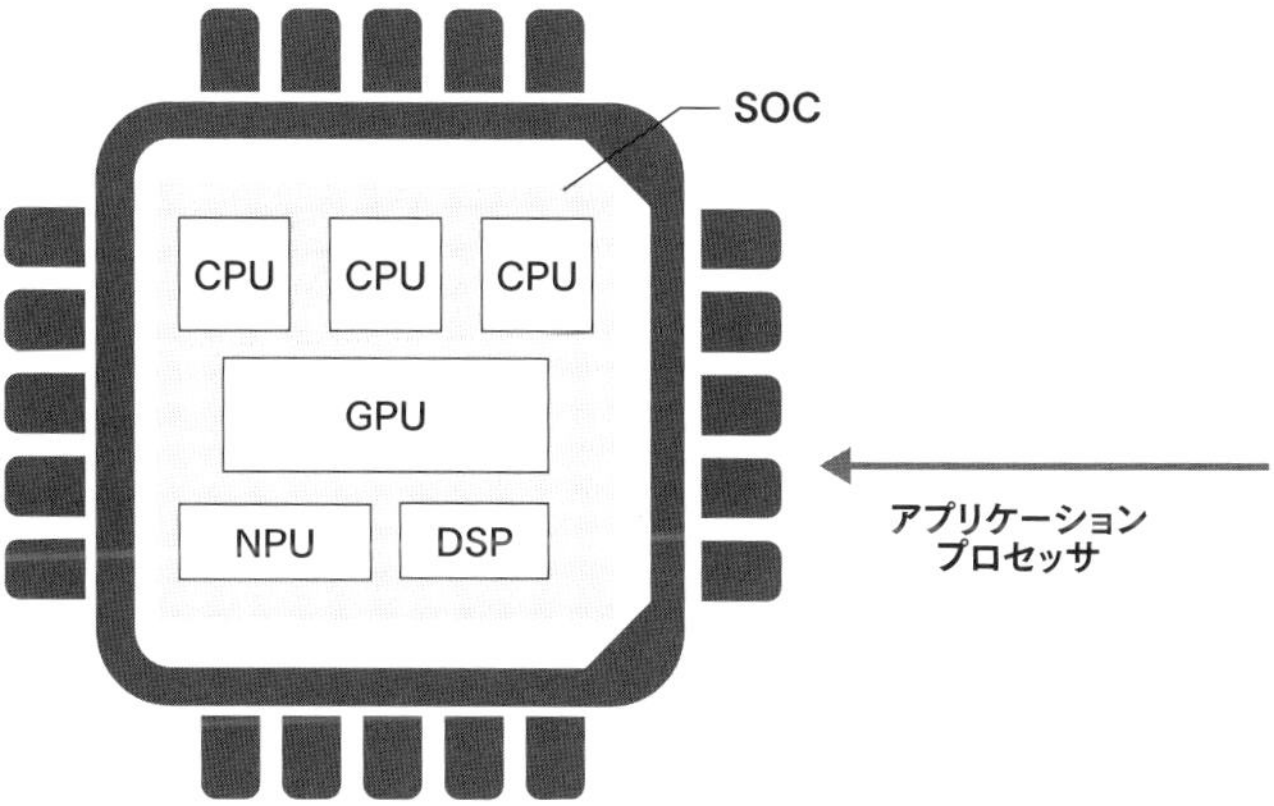

び製品としては、クアルコム（アメリカ）のSnapdragon（スナップドラゴン）、アップル（アメリカ）のＡシリーズ、サムスン電子（韓国）のExynos（エクシノス）、メディアテック社（台湾）のHelio（ヘリオ）やDimensity（ディメンシティ）、ハイシリコン（中国）のKirin（キリン）、ＡＭＤ（アメリカ）のAthron（アスロン）、インテル（アメリカ）のAtom（アトム）などがあります。

ベースバンドプロセッサ（ＢＢＰ）は、信号の生成、変調、エンコード、周波数シフト、送信など無線制御機能を管理します。代表的なメーカーとしては、クアルコム（アメリカ）、メディアテック社（台湾）、サムスン電子（韓国）などがあります。

メインメモリ、つまりスマホ向けに省力化したＤＲＡＭ（ＬＰＤＤＲ）のメーカーとしては、サムスン電子（韓国）、ＳＫハイニックス（韓国）、マイクロン（アメリカ）などがあり、スマホ用の**ストレージ**（ＮＡＮＤフラッシュメモリ）としては、同じくサムスン電子（韓国）、ＳＫハイニックス（韓国）、マイクロン（アメリカ）、そしてキオクシア（日本）、ウエスタンデジタル（アメリカ）などがあります。

他にも、ＧＰＳや加速度などのセンサー類、ボイス／オーディオ・デバイス、無線ＬＡＮやBluetoothなどの通信用ＩＣ、ＳＯＣに電源を供給するＩＣ（ＰＭＩＣ）などがあります。メインボード外の周辺デバイスとしては、メモリカード、ＵＳＢ、カメラ、表示パネル（液晶や有機ＥＬ）、タッチパネル、バッテリ、マイク／スピーカー、アンテナなどがありますが、これらにも半導体が使われています。

これらメインボード内外の各種デバイスは、前出したアプリケーションプロセッサによって管理されています。アプリケーションプロセッサ用ＳＯＣの内部構造のイメージとしては、複数の心臓部としての演算処理を行なうＣＰＵ、画像処理や行列演算に特化したＧＰＵ、人工知能の役割を演じるＮＰＵ（仮想現実ＶＲや拡張現実ＡＲなどの高速演算にも使われる）、デジタル信号処理に特化したＤＳＰなどが含まれています。

3-3 クルマ
——半導体が使われている分野と具体例

■クルマは「走る半導体」

現在のクルマは「走る半導体」と呼ばれるほど、さまざまな半導体を数多く使っています。さらに電気自動車ＥＶや自動運転車への進化、空飛ぶクルマの出現に伴い、使われる半導体もますます増えるとともに、いっそうの高性能デバイスが必要になるでしょう。

ここでは、現状のクルマを対象に、どのような半導体が、どこに、何の目的で搭載されているのかを見ておきます（クルマに搭載される半導体は「**車載半導体**」と呼ばれることが多い）。

車載半導体はその働きから、各種制御を行なうコントロールユニット、さまざまな外部情報（危険察知など）を取り込むセンサー、そしてエネルギーや電力を扱うパワーデバイス（パワー半導体）に大きく分類されます。

クルマのエンジン、あるいはパワートレインを電子的に制御するシステムが**コントロールユ**

■図3-3-1　クルマ（ハイブリッド車）に搭載されている多数の半導体

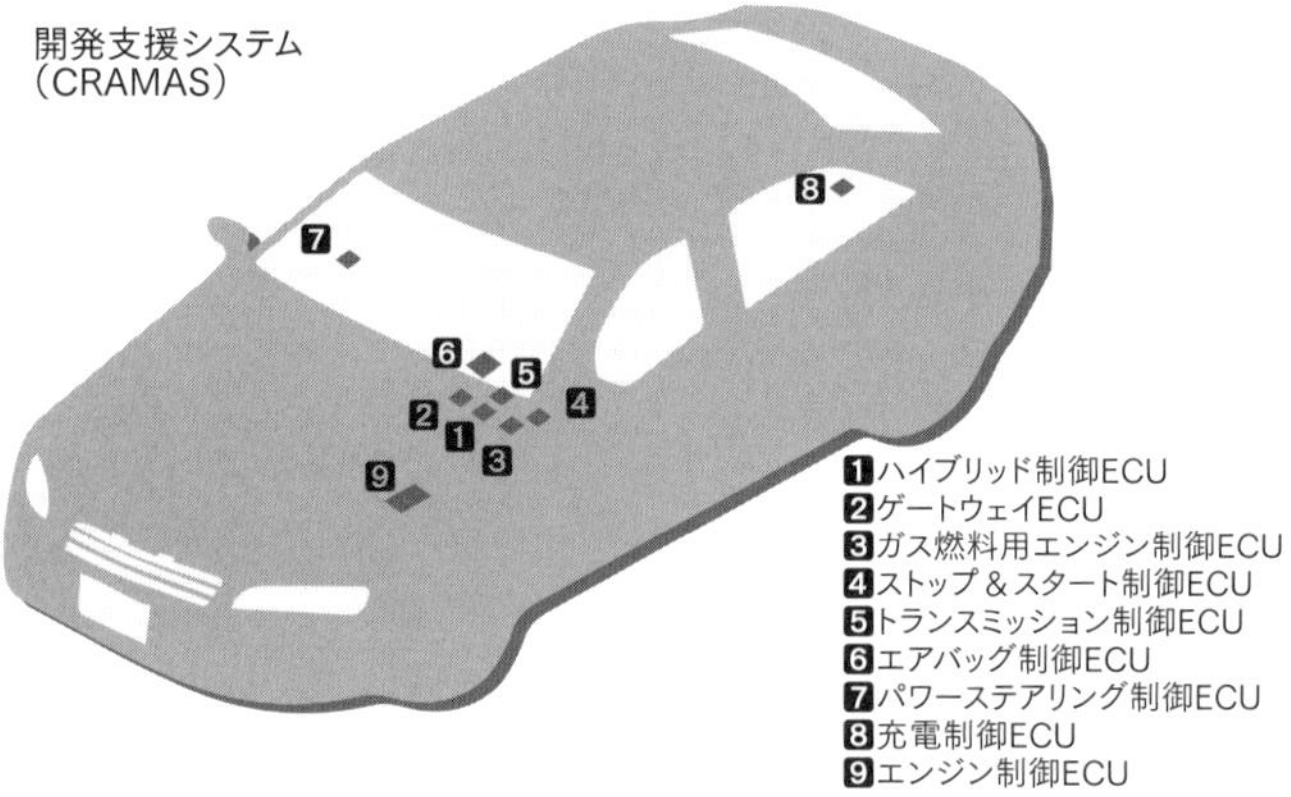

ニットと呼ばれるものです。これには数多くの**MCU**（マイコン）が搭載されていて、**ECU**（電子制御ユニット）と呼ばれています。

■ECUこそ車載半導体のキモ

　ECUの主な働きとしては、クルマの基本的な走行動作の制御の他、車載LANの制御、エンジンの制御、トランスミッションの制御、走行安全（緊急ブレーキ、エアバッグ、ABSなど）、さらには車間距離の制御など、さまざまな先進運転支援システム（ADAS）があります。

　車載センサーにも多種多様な半導体が使われています。具体的にはガソリン噴射・点火制御のエンジン制御センサー、光センサー（LiDAR）、赤外線カメラ、エアバッグなどの圧力センサー、加速度・ジャイロセンサー、GPSセンサー、車両や人との距離・速度を検知するミリ波センサーなどのセキュリティセンサーなどがあります。
パワーデバイスは、クルマの電力供給や制御を行なう半導体です。パワーデバイスとしては、ＤＣ／ＤＣコンバータの他、エンジンが出す動力を電気に変換したり、バッテリの電力をモーターに供給したりするＩＧＢＴ（絶縁ゲート・バイポーラ・トランジスタ）、電力変換システムで使われているＩＧＢＴより高速動作するシリコンカーバイド（SiC）パワーデバイス、高電圧耐性に優れた窒化ガリウムパワーデバイスなどがあります。

■統合ECUの登場

これまでのクルマといえば、各部位や機能に応じて１００個ものＭＰＵがＥＣＵとして使われていました。現在、これをまとめた「**統合ＥＣＵ**」の開発・実用化が進んでいます。これはクルマ全体を制御し、複雑な機能を実現するとともに、部品点数や重量の削減、さらにさまざまな先進運転を支援するために必須の技術になります。

この**統合ＥＣＵチップ**は、スマホにおけるアプリケーションプロセッサの「クルマ版ＳＯＣ」とも呼べるモノです。例えば、テスラのＦＳＤ（完全自動運転化ソフト）、ルネサスのR-Car(自律走行用ＳＯＣ)、エヌビディアのOrin、テキサス・インスツルメンツのレーダーセンサーＳＯＣ、サムスンのExynos Autoなど、各社ごとに統合ＥＣＵチップが開発されています。

3-4 家電、電子ゲーム、ICカード
——半導体が使われている分野と具体例

■家電は「名人の技術の伝承」

家電製品、つまりテレビ、洗濯機、冷蔵庫、炊飯器、エアコン、デジカメ、体温計、万歩計などには、それらの動作をコントロールするための**MCU（マイコン）**と呼ばれる頭脳、あるいは触覚としてのセンサーIC、そして電源用ICなどが数多く使われています。

例として、炊飯器では昔から次の言葉が伝承されています。

始めチョロチョロ（最初は弱火）、中パッパ（次に強い火力）、
じゅうじゅう吹いたら火をひいて（吹きこぼれを抑える程度に火を弱め）、
ひとにぎりのワラ燃やし（追い焚きで余分な水分を取る）、
赤子泣くとも蓋《ふた》取るな（火を止めて蒸らす、絶対に蓋を取ってはいけない！）

これが「おいしいご飯炊きの鉄則」です。それを炊飯器に実行させるため、温度制御を含む

さまざまなコントロールを行なうのがMCUです。そして窯内の温度やパネルへのタッチなどを検出する各種のセンサー、動作ステップなどを声で知らせる音声合成IC、人に見せるための表示用の液晶ディスプレイを駆動するドライバーIC、そして電源ICなど、多数の半導体ICが搭載されています。家電の中での半導体の役割は、いわば「名人の技術の伝承」といえるかもしれません。

■図3-4-1　炊飯器に使われている半導体の仕事

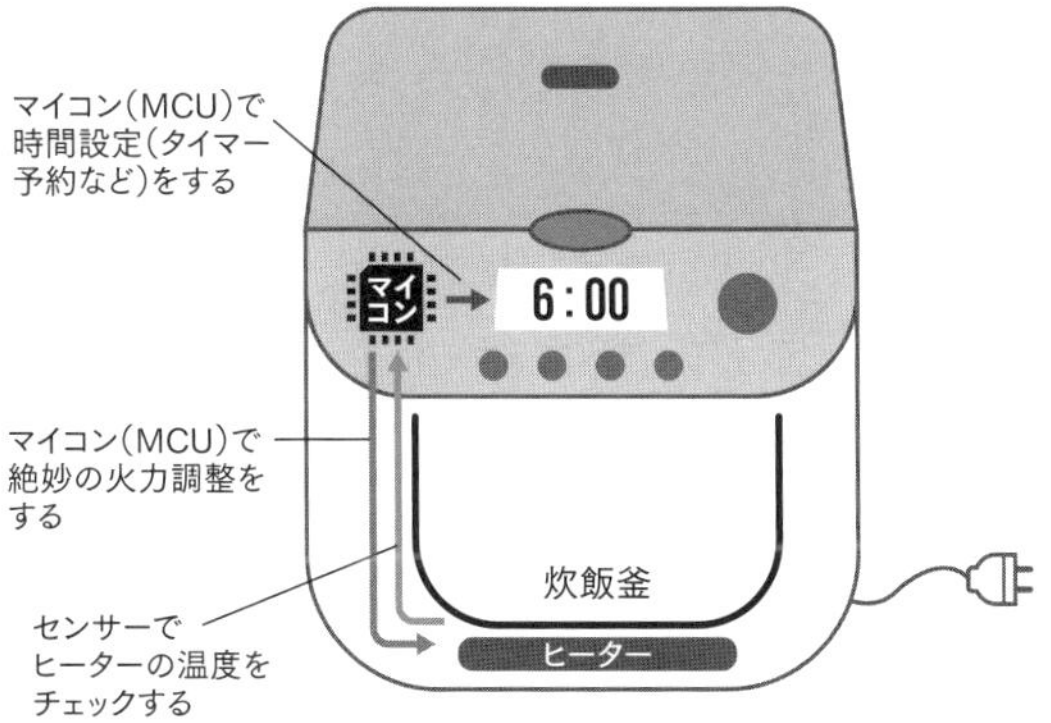

■電子ゲーム機は「先端半導体の宝庫」

電子ゲーム機とは、液晶画面などを見ながら操作するソフトウェア内蔵型の小型携帯ゲーム機のことですが、最近では電子ゲームといえば「先端半導体の宝庫」と呼ばれるほど、先端技術を用いてつくられた各種半導体が多数用いられています。

例えば、ゲーム機器全体を制御し各種の処理を実行するCPU、ゲームの動きを高速演算するGPU、音声や映像などのデータを高速解析するDSPはもちろんのこと、それらをワンチップ化したＳＯＣプロセッサなどがあります。

その他にも、電子ゲーム機で遊ぶためには必須のＭＥＭＳモーションセンサー、タッチスクリーン制御ＩＣ、かざして通信するＮＦＣ制御用ＩＣ、ＳＯＣに電源を供給するＰＭＩＣ、液晶ディスプレイパネルを駆動するドライバーＩＣ、ストレージ用のＮＡＮＤフラッシュメモリ、ＵＳＢコントローラ、音声処理のオーディオＩＣなどが搭載されています。

薄型のＩＣカードにも

ＩＣカードとは、ＩＣチップを搭載したカードのことで接触型と非接触型に分けられます。接触型ＩＣカードは、カード端末機のリーダー／ライターと直接接触する内部端子をもつタイプです。いっぽう非接触型ＩＣカードは、カード本体にアンテナが内蔵されていて端末のリーダー／ライターが出す磁界との無線通信でデータのやり取りを行ないます。

ＩＣカードには、金融系のキャッシュカードやクレジットカード、交通系のスイカやパスモ、国が行なっている住基カード、運転免許カードなどが流通し、日常生活で使われています。カードに搭載されているＩＣとしては、各種処理を行なうＣＰＵ、そしてＣＰＵの機能を補助するコプロセッサ、メモリとしてはＲＯＭ、ＲＡＭなどがあります。薄いＩＣカードの中にも、カードの機能を果たすために多数の半導体ＩＣが組み込まれているのです。

3-5 社会インフラ、産業への応用

■日々の生活を支える半導体

日々の生活を支えている公共的な基盤や仕組みである「社会インフラ」。その社会インフラとしての電気、ガス、水道、道路、交通、電話はもとより、インターネットなどの通信サービス、さらには医療サービスなどの整備・向上のためにＩＴ技術の活用が進んでいます。

それらの中核となっているのが、やはり半導体です。通常、半導体は目に付かないためか気づきにくいものですが、社会インフラだけでなく各種産業に至るまで、ありとあらゆる分野で多種多様な半導体が数多く用いられています。

例えば工作機械、産業機械です。また、半導体をつくるための半導体製造装置にも使われていて、それがめぐり巡って半導体そのものの高機能化・高性能化にフィードバックされているのです。

これらの分野では、機械や装置の動作状態、周辺環境を把握するための画像センサー、音声や加速度や温度などのＭＥＭＳセンサー、得られたデータを解析しそれに基づいて制御するためのＭＣＵ（マイコン）、ＤＳＰ（デジタル信号に特化したプロセッサ）、ＦＰＧＡ（現場で書き換え可能な論理回路の配列）、ＤＲＡＭやフラッシュなどのメモリ、データを送受信するための通信用ＩＣ、パワー半導体などが使われています。

■データセンターでは大量の半導体を使用

ＩＴ技術の活用が拡大・進化し、それに対するニーズも複雑化・多様化しています。また自然災害やサイバーテロなどに備えた事業継続計画（ＢＣＰ）の一環としても、システムの安全な維持運用が求められます。

データセンターは、インターネット用のサーバーやデータ通信などの装置を設置し、運転させるための施設です。

データセンターには、インテルのXeon（ジーオン）やＡＭＤのＥＰＹＣ（エピック）など高性能プロセッサが使われています。他にも、エヌビディアやＡＭＤの高速ＧＰＵ、さらにＦＰＧＡ、ＤＲＡＭ、ＮＡＮＤフラッシュ、ＳＳＤ、通信用ＩＣ、ＰＭＩＣ（ＳＯＣに電源供給するＩＣ）などの半導体が大量に使われています。

なお、データセンターの運用には大量の電力と冷却用の水が必要です。このため、ＧＡＦＡＭ（ガーファム）と呼ばれる巨大ＩＴ企業、つまり、グーグル、アップル、フェイスブック（現メタ）、アマゾン、マイクロソフトだけでなく、テスラ、エヌビディアなどの所有する巨大データセンターでは、建設地の選定などで地元住民などと軋轢《あつれき》が生じるケースも多々見受けられるようになりつつあります。ちなみにこの7社はＭ7（マグニフィセント・セブン：超大型7銘柄）と呼ばれることもあります。

■医療、ヘルスケア――データ収集から解析まで

医療分野でも、大量に半導体は使われています。まず、検査に必要なＣＴ、ＭＲＩ、ＰＥＴなどの高度医療機器、そして内視鏡、さらには私たちに非常に身近な万歩計、電子体温計に至るまで、その中に半導体ＩＣが入っているのです。もちろん、ＭＥＭＳセンサーやイメージセンサー、制御用のＭＣＵ、通信用ＩＣなど多種多様な半導体が使われています。

胃カメラや大腸内視鏡などは昔から使われていますが、最近では先端半導体技術を活用したものとしてカプセル型内視鏡も登場しています。この内視鏡では、内部組織を照らすためのＬＥＤ、撮影のためのイメージセンサー、外部とデータのやり取りをするための無線通信用ＩＣ、全体の操作・処理を制御するためのマイコンや特定用途向けＡＳＩＣなどの半導体が含まれて

います。カプセル型内視鏡は従来タイプに比べて患者への負担が少なく、従来はできなかった小腸の観察も可能となりました。

ヘルスケアを行なうには、体温、血圧、脈拍、体重などのさまざまなデータを収集しなければなりません。そのために、各種のＭＥＭＳセンサーが必要ですし、収集したデータをサーバーに送信し、そこで解析・処理・判断をしなければなりません。

このように、医療におけるＤＸ（デジタルトランスフォーメーション）としての遠隔医療やテーラーメイド（オーダーメイド）医療を含め、半導体技術の進歩に伴って医療分野における半導体の利用が今後ますます進展すると思われます。

■IoTとエッジの組合せ

IoT（Internet of Things）とは「モノのインターネット」のことで、さまざまな「モノ」がインターネットに接続され、モノとモノ同士が情報の交換や処理をしたり、相互に制御をしたりするシステムのことです。

ＩｏＴは非常に広い概念です。データセンターはもちろん、さまざまな端末まで含んでいますので、本書ですでに述べたことを含んだり、重複したりする点もあります。

ＩｏＴといえばすぐに「**クラウド**」を考えるかもしれませんが、ここではＩｏＴの端末（**エ**

ッジ）として特に求められる機能や特徴を実現するための半導体という観点から少し見てみましょう。

　まず、ＩｏＴというと「センサーで収集した各種データをそのままインターネットに上げて、データセンターで集中処理する（クラウド型）」ものと考えがちですが、実はこの方法はデータが増えれば増えるほど非効率となります。というのは、ネットやデータセンターへの負担が大きくなって非経済的であるだけでなく、データの処理とフィードバックにも時間がかかり、迅速な対応がむずかしくなるからです。

　そのため最近では、各種端末が取得したデータは、できるだけエッジ（現場）で処理し、処理しきれないモノだけをネット（クラウド）に上げて処理するほうがよい、すなわち中央処理と分散処理を適宜組み合わせることで全体のシステム効率を上げようという考えが広まっています。

　そのためには、端末の近くに専用のサーバーを分散配置することが必要です。それと同時に、低消費電力化のためのエッジＡＩアクセラレータなどを内蔵したプロセッサを含む半導体が求められます。

■図3-5-1　人間の五感にも似たセンサーフュージョン用IC

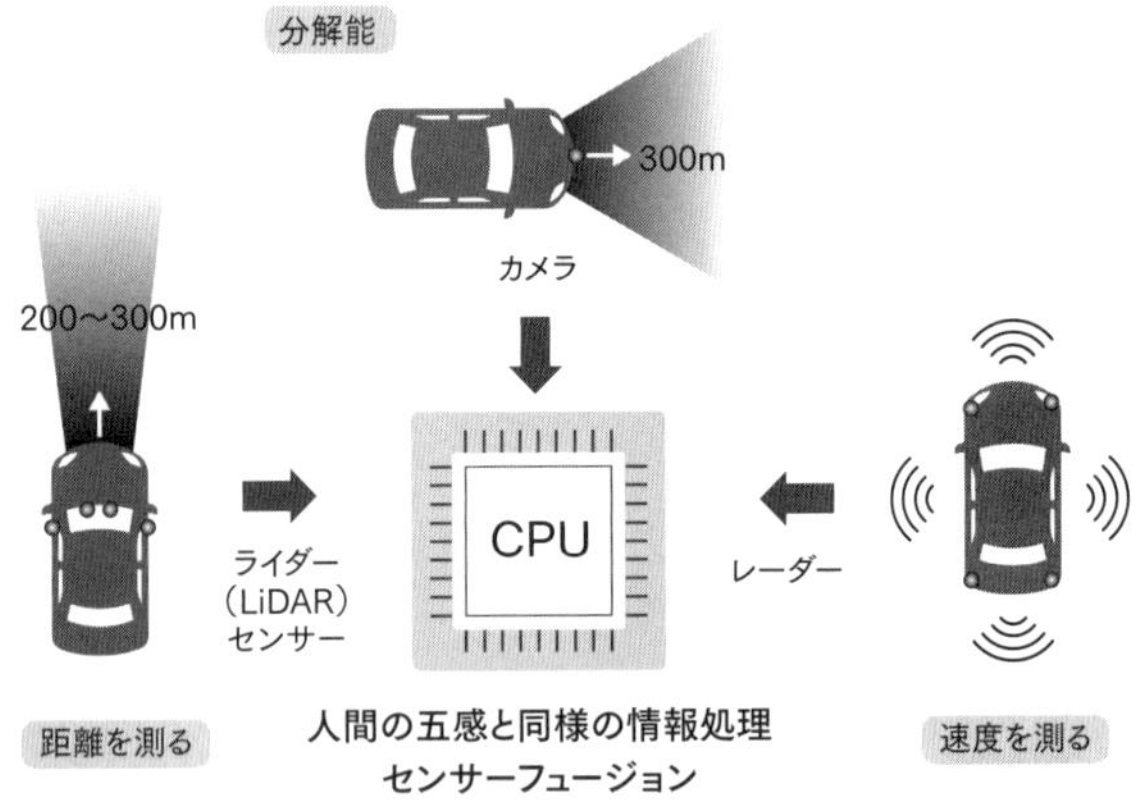

■人間の五感にも似たセンサーフュージョン

また、複数のセンサーを同時に使用して計測・判断する**センサーフュージョン**と呼ばれるＩＣも必要です。人間は五感をフルに働かせてその場の状況を分析していますが、センサーフュージョンも多数のセンサーからデータを集め、自動的に必要な情報処理を行ないます。

車載用イメージセンサーの分野でオン・セミコンダクター社（オンセミ社：アメリカ）がトップシェアを取り得ているのは、このセンサーフュージョンのおかげかもしれません。

3-6 産業最前線における半導体

■ AI市場ではGPUが中心

ＡＩ（人工知能）、特に最近の生成ＡＩ向けの半導体市場は、今後大きな伸びが期待されています。将来、半導体市場の約30％をＡＩ向けが占めるようになるのではないか、との観測もあるほどです。

半導体でＡＩ分野をリードしているのはＧＰＵの開発で有名な**エヌビディア**で、現在、ＡＩ向けでは市場の90％を握っているともいわれています。代表的なＡＩチップのメーカーと主要製品について少し見ていきましょう。

エヌビディアのＡ１００、Ｈ１００など、インテルのメテオレイク、Habana Gaudi（ハバナ社、インテル傘下）など、ＡＭＤのInstinct MX1300Xなど、テスラのＤ１などがあります。

また、大手ＩＴ企業は自社で使用するための特徴あるＡＩ半導体チップを開発しています。

例えば、グーグルのＴＰＵ、アップルのＭシリーズ、メタのＭＴＩＡ、アマゾンのグラビトン（Graviton）やインフェレンシア、マイクロソフトのMaia100やCobalt100などです。

さらに、最近ラピダスと協業を発表したカナダのＡＩ半導体の新興企業、テンストレント（Tenstorrent）や、ChatGPTで有名なOpenAIも独自ＡＩチップの開発に乗り出すと発表していて、今後の動向が注目されます。

ドローンの進化を支える半導体

ドローンはもともと軍事目的で開発され利用されてきました。最近テレビなどで、ロシア・ウクライナ戦争で使われているドローンに関する報道に接することも少なくありません。

近年、ドローンの小型化、高精度化、低価格化に伴って軍事以外の多くの分野にも利用が広がってきています。それら分野の中には、空撮による地図作製、農薬や肥料の散布、農作物のモニター、災害調査、事件・事故現場の撮影や同定、火災や自然災害など立ち入り困難場所の撮影、スポーツ中継などがあります。

ドローンは搭載されている各種のセンサーによって、画像、音声、力、加速度、温度、気圧、地磁気、赤外線などのデータを取り込みます。また自身の動作状態を知覚・識別・認識するための慣性計測装置やイメージセンサー、ＭＥＭＳセンサーなども搭載されています。

また具体的な半導体として、ビジョンセンシングプロセッサ（多数のセンサーとジャイロなどで映像解析する）やアプリケーションプロセッサ、さらにフライトコントロール用MCU（マイコン）やDSP、ネットワークやインターネットに接続するための通信プロトコル処理用IC、動力やアクチュエータのコントローラ制御のためのPMIC（SOCに電源供給するIC）なども搭載されています。

進化するロボット

経済産業省が提示している定義に従えば、ロボットとは「センサー、知能・制御系、駆動系の三つの要素技術を有する知能化した機械システム」を指します。

この定義によれば、知的な機能を備えた各種の産業機械、医療機器、災害支援機器、捜索機器、危険作業機器、介護・介助機器などもロボットに含まれますが、それらの機械・機器についてはすでに触れてきました。そこで、ここではいわゆる「ヒト型ロボット」（ヒューマノイドロボット）を対象に考えてみましょう。

ヒューマノイドロボットは上記の産業ロボットなどに比べると、二足歩行の能力、エンターテインメント性、人間とのコミュニケーション能力、パーソナルモビリティ、置かれた環境から得られたデータによって場の雰囲気や相手の感情を読み取るなど、かなり高度な能力を要求されます。

それを可能とするためには、各種のセンサー、制御用のプロセッサ、ＧＰＵ、ＤＳＰ、ＦＰＧＡ（現場で書き換え可能な論理回路の配列）、ＰＭＩＣ（ＳＯＣに電源供給するＩＣ）だけでなく、ロボットをクラウドにつなぐための通信用ＩＣ、さらにはＡＩチップなどの先端半導体の装備が必要になります。

3-7 軍事面での雌雄を決する先端半導体

冒頭の「はじめに」でも、経済安全保障（経済面）の観点から半導体が最重要物資になっていることを述べました。しかし、経済面に限らず軍事面、さらには国家安全保障そのものに関しても、半導体の重要性については同様なことがいえるでしょう。

とりわけ軍事面においては、武器や兵器の小型化・高性能化に半導体はなくてはならないものになっています。このため、戦争や国家間・地域間の紛争などにおいても、直接、雌雄を決する重要な要素になっています。

私たち一般人が、戦争と半導体の関係について考えることなど普段はめったにないでしょうが、今になって考えると２００３年３月に始まったイラク戦争がそのようなことを実感する一つの契機になった気がします。

イラク戦争はテレビでも流されていましたが、アメリカの爆撃機の操縦用スクリーンに攻撃目標の画像が映し出され、照準を合わせた次の瞬間、目標物が煙に包まれて破壊される、そんな光景を目の当たりにしました。

また最近のロシア・ウクライナ戦争では、**エッジＡＩ**（エッジ：その場で処理）を利用する優位性が見られます。つまり、現場で上がってきたデータを瞬時に処理するために先端半導体が求められていて、そんな先端半導体を装備したウクライナ側の新型戦闘機やミサイルなどの命中精度がロシア側に優っているとされます。このため、物量で優位なロシア側を凌駕するケースも報告されています。

もともと半導体ＩＣは、軍事用途に向けて開発が進められた経緯があり、現代においては軍事安全保障における半導体の重要性がますます増しているといえるでしょう。

軍事分野で使われている半導体としては、ＭＰＵ、ＧＰＵ、ＤＳＰ、ＭＣＵ、イメージセンサー、各種ＭＥＭＳセンサーなど、非常に多岐にわたっています。

コラム　AIチップ vs ニューロモーフィックチップ

これまでの「ノイマン型」と呼ばれるコンピュータは、演算部と記憶部が分かれているため、両者間での情報のやり取りに時間がかかり、処理の高速化・高性能化を阻害する要因になっていました。これはいわゆる「**ノイマン・ボトルネック**」と呼ばれる現象で、膨大なデータを高速で処理しなければならない現代において、大きな問題になっています。

これに対処するためにさまざまな試みが行なわれていますので、そのいくつかを紹介させていただきます。

1番目は、これまでのアプローチの延長線上にあるものとして、コンピュータシステムにおけるメモリハイアラキー（メモリの階層化）を変更する方法です。CPUの動作速度を目いっぱい引き出すために、メインメモリ（DRAM）とキャッシュメモリ（SRAMなど）との間にバッファ的に「高速な不揮発性メモリ」を挟む方法です。

2番目の方法は、ニューラルネットワークでの推論処理を高速化するAIアクセラレータを用いる方法が考えられています。

3番目は、ノイマン型と非ノイマン型の中間型とも位置づけられる新たなアプローチで、「**インメモリ・コンピューティング**」と呼ばれています。これは従来のコンピュータ（ノイマン型）の演算部と記憶装置を一体化（非ノイマン型）することで、大量のデータを一括処理させようという方法です。ＩＢＭが最初に提唱した新しい情報処理パラダイムの一つです。

4番目は、まさに非ノイマン型と位置づけられるものです。**ニューロモーフィック**と呼ばれるもので、生体のニューロンとシナップスの働きを再現すべく、スパイキング・ニューラルネットワーク（神経細胞の発火信号『スパイク』を用いた情報処理）を模した脳型チップです。具体例としては、先駆けとなったＩＢＭのトゥルーノースやノースポール、インテルのロイヒ2、さらにはブレイン・チップ社（オーストラリア）の商用ＩＰ「Akida」などがありますが、世界中で同時並行的に研究開発が急速に進められています。

従来のノイマン型のコンピュータが人間の「左脳的な役割」をもっていたのに対し、このような非ノイマン型の半導体が、いわば人間の「右脳的な役割」を演じるものとして広く普及するか、あるいは現在のコンピュータシステムに埋め込まれた形で、特定のＡＩアクセラレータ（推論処理の高速化）として利用されるかはわかりませんが、その技術開発の進展に大いに期待したいところです。

第4章

半導体はどんな歴史を辿ってきたのか？

4-1 20世紀最大の発明「トランジスタ」

■トランジスタ＝増幅現象の発見！

1947年、アメリカのベル電話研究所（通称ベル研）のウォルター・ブラッテンとジョン・バーディーンは、ゲルマニウムの結晶に2本の近接した金属針を立て、ゲルマニウムの結晶と2本の金属針にさまざまな電圧をかけたとき、各部に流れる電流を調べる実験を繰り返していました。

ある日、彼らは面白い現象に気づきました。ゲルマニウムを接地（アース）し、片方の金属針にプラスの電圧を、そして他方の金属針にマイナスの電圧をかけ、ゲルマニウムとの間にわずかな電流を流しただけで、なんと、他方の金属針とゲルマニウムの間に流れる電流が大きく変化したのです。

これは「わずかな入力電流を流すだけで、大きな出力電流に変えられる」こと、すなわち電

■図4-1-1　世界最初の点接触型トランジスタの実物

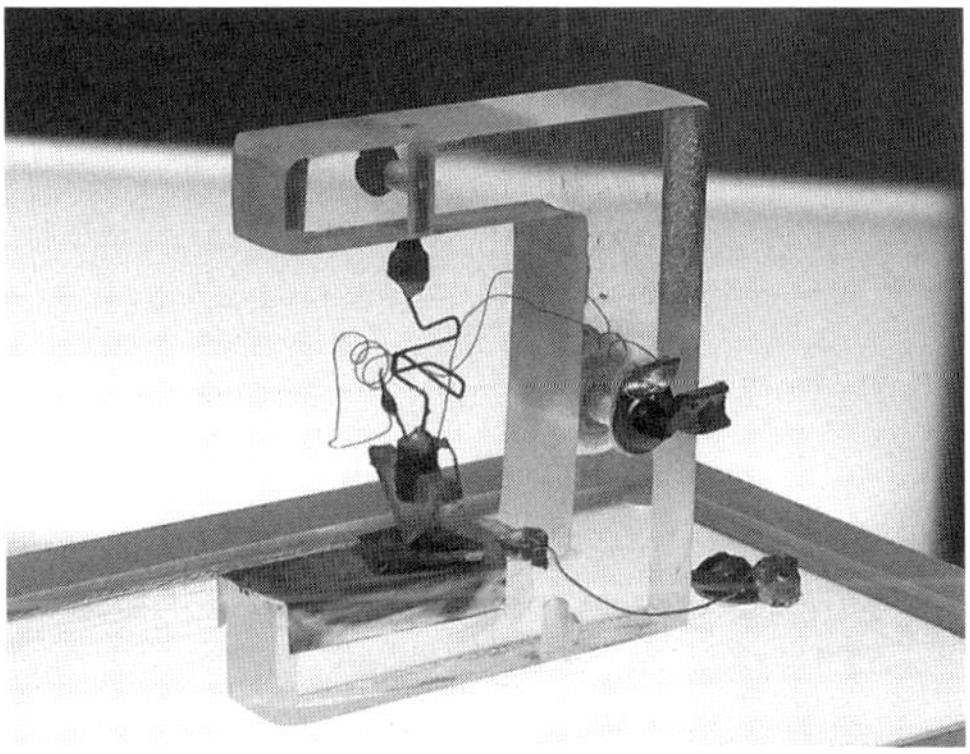

出所：Unitronic

流を増幅できることを示しています。こうして、歴史上初めての、いわゆる「**トランジスタ**」が誕生したのです。このトランジスタは、その構造から「点接触型トランジスタ」と呼ばれます。

■真空管に代わる抵抗器が「トランジスタ」

トランジスタという名称は「transfer + resistor」からきています。すなわち、真空管に代わるレジスタ（抵抗器）というのがトランジスタの意味です。

点接触型トランジスタの電流増幅現象の発見に際しては、ブラッテンは得意な実験面で大きな役割を演じ、共同研究者であったバーディーンは原理やメカニズムの解明という点で大きな貢献をしたとされています。

ブラッテンとバーディーンは点接触型トランジスタの発明により、また同じベル研で半導体の研究を

■図4-1-2　さまざまなパッケージのトランジスタ

していたウイリアム・ショックレーは接合型トランジスタの発明により、1956年に3人がノーベル物理学賞を共同受賞しています。

点接触型トランジスタは性能面や信頼性面で安定させることがむずかしく、現在では安定なショックレーの接合型トランジスタに近いものが主に使われています。

いずれにせよトランジスタの発明が、今日のエレクトロニクス時代を切り開く鏑矢《こうし》になったことを思うとき、トランジスタはまさに20世紀最大の発明だといってよいでしょう。

4-2 集積回路の発明と発展

■集積回路（IC）の誕生

前節4－1で述べたように、「トランジスタはそれまでの真空管に代わる新しい電子素子」として登場しました。トランジスタは真空管に比べ、素子の小型化、性能の向上、信頼性の向上などの点において、はるかに優れた性質をもっていました。特にトランジスタの誕生初期には、主に軍事用を中心に活用が期待され、広がっていった経緯があります。

しかし改めて考えてみると、トランジスタが20世紀最大の発明と呼ばれるのは、トランジスタそのものの発明に加え、トランジスタが次の段階の**集積回路**（ＩＣ：Integrated Circuits アイシー）の実現に繋がったからでしょう。

集積回路の詳細については後の章（第7章）で改めて説明しますが、簡単にいうなら、集積回路とは、「半導体の基板（シリコンウエハーの円板）の上に、回路として必要な抵抗、容量、

■図4-2-1　集積回路の例（NXP製のLCDドライバー）

出所：Kroger4

ダイオード、トランジスタなどの素子を一括処理で作製し、それらの素子間を内部配線で相互接続することにより、まとまった機能を実現した回路」のことです。

集積回路（ＩＣ）はその後の秒針分歩の進歩を遂げたことで、人間のもつ「記憶・計算・演算」などの知的な機能をも果たせるようになり、現在、ある面ではすでに人間の能力をはるかに凌ぐまでになっている（人工知能ＡＩ）ことはご存知の通りです。その意味で、現代の高度情報化社会を招来し、さらに発展させている最大の原動力は「集積回路」といってよいでしょう。

本章では、集積回路の出現にまつわるトピックスとして、２件の特許について紹介します。

■「キルビー特許」と「ノイス特許」

■図4-2-2　キルビーの史上最初の実用的集積回路

出所：テキサス・インスツルメンツ

集積回路（IC：Integrated Circuits）の発明者はいったい誰なのか？　その答えの裏にはさまざまなドラマが隠されていて、そのストーリーに興味を惹かれる人も多いでしょう。

アメリカのテキサス・インスツルメンツ（TI）の新入社員だった**J・S・キルビー**によって1959年2月に「Miniaturized Electron Circuits」、つまり「小型化電子回路」の名称で米国特許が出願されました。この特許は「半導体装置」として翌1960年2月に日本にも特許出願されています。

当時、個別の半導体素子（抵抗、コンデンサ、トランジスタなど）をいかに配置配線し、モジュールの小型化を図るかということは、主に軍事用を目的に喫緊の課題として開発が進められていました。

これに対しキルビー特許ではモノリシック、すなわち同一（モノ）の石（シリコン）の上に一枚岩のようにがっしりと各素子を形成し、それらを外部配線（ワイヤー）で接続した回路構成を主張しました。これを**モノリシック集積**と呼びます。

　このキルビー特許から遅れること5か月、米国フェアチャイルド社のロバート・ノイスは「Semiconductor Device-and-Lead Structure」（半導体デバイスとリード構造）という名称の特許を出願しました。この特許は通常、「**ノイス特許**」として知られています。ノイス特許は、別名**プレーナ特許**とも呼ばれ、シリコン半導体基板の上に形成された素子を、内部配線（キルビー特許は外部配線）として金属配線で接続したもので、現在の集積回路（ＩＣ）の構成に非常に近いものでした。

特許紛争の結末は？

　多くの読者が予想する通り、その後、集積回路の発明特許について、キルビー特許とノイス特許の間で法廷闘争が10年間にわたり繰り広げられます。裁判所の判定も二転三転し、結局、その決着を付けるためにトップ会談がもたれ、集積回路ＩＣの発明特許はＴＩとフェアチャイルド社の両社がシェアするという形で矛《ほこ》を収めることになったのです。

　その後キルビーは、集積回路の発明により２０００年のノーベル物理学賞を受賞しましたが、ノイスはすでに１９９０年６月の朝、自宅プールで泳いだあと体調が急変し、病院に搬送されたもののそのまま帰らぬ人となっていました。もしノイスが生きていたなら、当然、キルビーとともに受賞していたものと考えられます。

集積回路の発明について付け加えるなら、1952年に英国王立レーダー研究所のG・デュマーがすでにアイデアを出していました。

キルビー特許は、2001年まで日本メーカーから年間数百億円の利益をTIにもたらし続けましたが、その背景には特許分割による延命などの特許戦略があったことと、TIの特許にかける執念が実ったものとも感じられます。その中で不思議なのは、富士通がキルビー特許の無効を訴えて訴訟を起こし、最終的に無効の判決がおりたことです。

そうすると、特許料を払い続けた他の日本メーカーと富士通の違いは、技術上の問題にあったのか、あるいは特許戦略上の違いだったのか。半導体を製造してきた一人の技術者として、疑問を抱かざるを得ません。

4-3 ムーアの法則、デナード則

■高集積化の経験則「ムーアの法則」

２０２３年3月、米国インテルの共同創設者ゴードン・ムーア氏が94歳で亡くなりました。彼は１９６５年に**ムーアの法則**と呼ばれる経験則を発表したことで知られています。

ムーアの法則とは、集積回路のワンチップに搭載されるトランジスタ数が、18か月〜24か月でおよそ2倍になるという法則です（ただし、さまざまな種類の機能回路から構成されるＭＰＵに比べると、メモリのほうは規則的なセルが多数並んだシンプルな構造のため、ムーアの法則の上限に近い集積度の高いチップが実現されています）。

このムーアの法則は「法則」と名前が付いてはいますが、科学的・理論的な法則ではありません。あくまでも経験則に過ぎないのです。しかし、確固たる理論的背景がないにもかかわらず、今日（２０２４年2月時点）に至るまで、60年もの長きにわたり成立してきたのは、ある

■図4-3-1　ムーアの法則とトランジスタ数の相関（1970〜2020年）

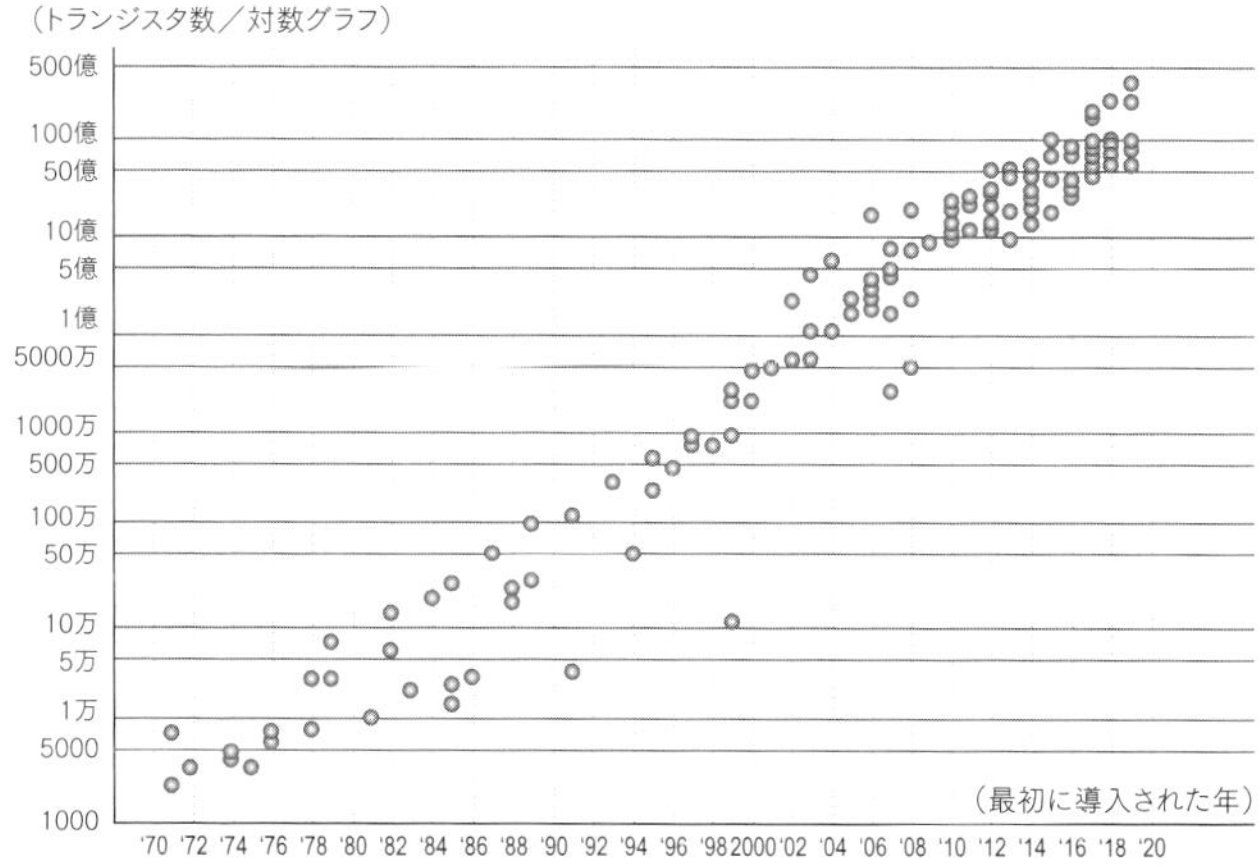

出所：Max Roser, Hannah Ritchie

意味で驚くべきことです。

　このムーアの法則には、①チップ面積そのものの増大と、②単位チップ面積当たりに搭載されているトランジスタ数の増大、という二つの要素が含まれています。効果として考えると、後者、すなわち「配線部を含めたトランジスタなどの微細化による集積度の向上」のほうが支配的であることは明らかです。

　ムーアの法則はもちろんムーア氏の慧眼《けいがん》がもたらしたものに違いありませんが、それはある意味で、未来予測的に働いたのではないかと筆者自身は感じています。

　次々と高集積化したチップを実現するには、それを支える設計、デバイス、プロセス、装置、材料など、さまざまな関連分野の技術進歩が求められます。したがってそれらの技術開発とその実用化を達成するためのある種の「指導原理」としてムーアの法則が人々を導き、働いたのではないかと思うからです。

一部で、ムーアの法則の限界説（終焉説）や**モアザン・ムーア**が囁《ささや》かれる昨今、３次元化による平面換算の高集積化という意味で、ムーアの法則はしばらく続くと筆者は考えています。そのためには、ムーアの法則をフォローするためのリソグラフィなどの各種技術の進歩が必要です。その実現に向けて払われる関係者の創意工夫、絶えざる努力には感嘆せざるを得ません。

■微細化の指導原理「デナード則」

ムーアの法則とは別に、**デナード則**というものを聞いたことがあるでしょうか。これは１９７４年に米国ＩＢＭ社のロバート・デナードが共著論文の中で発表したもので、ＭＯＳトランジスタ（最も一般的なトランジスタ）を微細化するときの指導原理となる工学的法則です。比例縮小則、スケーリング則などとも呼ばれています。ムーアの法則とは異なり、このデナード則は物理的根拠に基づいた法則といえます。

デナード則は、ＭＯＳトランジスタの各部にかかる電界を一定としていて、定電界条件の下で成り立ちます。

この法則の意味するところを理屈から先に説明するとむずかしいと思いますので、まずざっくりと結論（具体例）から述べ、その後に理屈を述べることにしましょう。

(1)結論……「ＭＯＳトランジスタにかける電源電圧を０・７倍（1/k）に低下させたとき、動作速度は１・４３倍速くなり（k＝1.43）、消費電力は約１／２（$1/k^2$）に抑えられる」ということです。

次に、もう少し詳しい説明をしますが、上記の結論は以下の理屈からきていることだけわかれば十分です。

(2)理屈……「トランジスタの大きさが技術世代ごとに30％小さくなるとすると（０・７倍）、スケーリング係数というものを「k」としたとき、ＭＯＳトランジスタ構造のゲート長（Ｌ）、チャンネル幅（Ｗ）、ゲート絶縁膜厚（Tox）、ソースとドレインの深さ（Xj）は1/k倍、シリコン基板の不純物濃度（Nd）はk倍にすることにより、ＭＯＳトランジスタ特性としての回路パラメータである電界（Ｅ）は一定、電圧（Ｖ）、電流（Ｉ）、容量（Ｃ）および遅延時間（τ＝VC/I）は1/k倍、消費電力（P=IV）は$1/k^2$となる」

ここで、スケーリング係数は通常、「k＝1/0.7」が用いられますので、ＭＯＳトランジスタにかける電源電圧を０・７倍に低下させながら、動作速度はなんと１・４３倍まで速くなり、消費電力も約１／２に抑えられるという、先の(1)の「結論」に至るわけです。

現在ＬＳＩ（ＩＣと同じ意味）で主流になっているＣＭＯＳ回路（一般的なＭＯＳ回路の一

種）では、スイッチング動作時の消費電力は動作周波数に比例するため、動作周波数の上昇とともに消費電力も大きくなる傾向があります。しかし、デナード則により得られるＭＯＳトランジスタの電力削減によって、チップ全体の消費電力を大幅に増やすことなく動作速度の向上、すなわちクロック周波数をデバイス世代ごとに上げることができたのです。

　しかしながら２００５年を過ぎた頃から、デナード則の崩壊が見られ始めます。というのは、ＭＯＳトランジスタの微細化によってリーク電流（回路内で本来は漏れないはずの場所で漏れ出す電流）が増加したこと、ワンチップ上に集積されるトランジスタ数の増加などによって、チップ動作時の発熱と処理速度の頭打ちなどの問題が顕在化したためです。

　このような要因で、デナード則による微細化だけでは処理速度の向上が見込めなくなってきたため、プロセッサ（ＣＰＵ）などでは従来のように１個で処理するのではなく、何個かのプロセッサで分担処理を行なわせる「**マルチプロセッサ**」が採用されるようになってきています。

　なお、デナードはＤＲＡＭの基本構造（１トランジスタ１容量）の発明者としても有名です。

4-4 聞くも涙、語るも涙の「半導体、手作業」の日々

■マスク工程での格闘

筆者がNECに入社し、半導体部門に身を投じた1970年代の初頭、半導体（集積回路IC）製造の露光工程で使われるマスクは、ソーダガラス基板上にゼラチン材と感光性ハロゲン化銀の膜パターンから構成されていて、エマルジョンマスクと呼ばれていました。

このマスクは等倍でした。すなわち、マスクパターンとシリコンウエハー上に転写されるパターンは同一寸法です。このマスクを使った露光は、マスクとウエハーを接触させる「コンタクト露光」でした。

このエマルジョンマスクを作製するまでの工程（というか格闘）について、もう今後、誰もそのような歴史的事実（経験）を知る人はいなくなると思いますので、ここにその概略を少し書き記しておこうと思います。

■手作業でトランジスタや配線を図面に書き込む日々

作製する半導体の回路図に基づいて、四六判（１０９２ミリ×７８８ミリ）の青い罫線のグラフ用紙に、必要なサイズのトランジスタを定規と鉛筆で書き込み（手で書き込むのです）、それらのトランジスタを接続するための配線も定規と鉛筆で書き込みます。いわゆる「レイアウト設計」と呼ばれるものです。なお、本書も四六判（１８８ミリ×１３０ミリ）というサイズですが、回路図と本の「四六判」は同じ表現ではあってもサイズは大きく異なります。

このレイアウトでは、電源線とグラウンド線の配置配線を含め、チップ内の素子をいかに隙間なくびっしり詰め込んで集積度を上げられるか、その熟練の腕前が問われます。

さらに外部電極引き出し用のボンディングパッド、完成したウエハーの基本特性を測定するためのＴＥＧ（Test Element Group：テグ）、各露光工程で各層の位置合わせを行なうための目合わせパターン、完成したウエハーを1個1個のチップに切り分けるためのスクライブ線などを図面に記入・配置して完成です。

露光工程に合わせた露光ステップごとに、このような図面を少なくとも数枚は準備します。各図面には色鉛筆でパターン部に色付けをします。

電卓用の集積回路（ＩＣ）の場合、このような図面を作成するには1か月ほどかかりますので、一日の作業が終わる頃には精根尽き果てていたのです。

■凸版印刷で徹夜の切り貼り作業

しかし、これで担当エンジニアの仕事が終わったわけではありません。次は比較的厚い透明なマイラーフィルム（マイラー板と呼んでいました）の上に薄い赤色のスタビレンフィルムを貼ったものを、上記の完成した図面に重ねます。そして、定規とカッターナイフを用いて図面パターンになぞって上のスタビレンフィルムだけを切り、色の付いた図面部分のスタビレンフィルムを剥がし、マイラー板を露出させます。これが「マスク作製の原版」となります。

もっとも、カルコンプと呼ばれたカッター・プロッターが導入されてからは、カッターナイフでの作業からは解放されましたが、いずれにせよ、この一連の作業でスタビレンフィルムの一部が剥がれたり、間違ってカットしたりといったミスは日常茶飯事です。

ミスした箇所は補修しなければなりません。この補修がたいへんです。スタビレンフィルムに筆でシンナーを薄く塗って貼り付けたり、不要部分をカットして剥がしたりといった作業を繰り返し繰り返し行なって修正をします。このとき、シンナーの量が少なすぎるとスタビレンフィルムがマイラー板にうまく付きませんし、逆にシンナーが多すぎると今度はスタビレンフィルムが溶けて穴が開いてしまいます。

当時の半導体の技術者は、日夜、こんな作業に駆り出されていたのです。

このような作業で印象に残っているのは、筆者が担当した電卓用ＩＣのマスクを作製したときのことです。埼玉県上福岡市の凸版《とっぱん》印刷（現、ＴＯＰＰＡＮ）に泊まり込み、徹夜で数百もの補修箇所を切り貼りし、朝方になってやっと原版を完成した経験です。

原版は、通常の写真技術を用いて実際のパターンサイズにまで縮小されます。そして、ステップ・アンド・リピートで１枚のウエハー上に作製するチップ分をエマルジョンマスクの上に形成し、露光に使います。

１９７０年代の後半頃から導入されたエレクトロンビーム（ＥＢ：電子ビーム）露光によるマスク作製技術は、ここで述べた原版作製の手作業からエンジニアを解放してくれたのです。

4-5 手作業で鏡面を研磨
——茶褐色の煙、鼻をつく臭い

■手作業で鏡面研磨をする？

現在、ウエハーメーカー（信越化学工業やＳＵＭＣＯ）から購入したシリコンウエハーのほとんどは、その両面がピカピカに光った鏡面状態で納品されています。ウエハーの両面が鏡面研磨（ミラーポリッシュ）されているのです（５－５参照）。

これはウエハー上に集積回路をつくる場合、スキャナーなどでウエハーをステージに吸着させ、上面から露光する際に、ウエハー面内で焦点深度の均一性を確保するには両面を鏡面研磨したほうが均一な厚さを得やすいためです。同時に、裏面に付着する不純物の汚染が少なくなるなどのメリットもあります。

しかし、このようにピカピカに磨かれ抜いたウエハーを見るたびに、筆者は思い出すことがあります。それは１９７０年頃、筆者がＮＥＣに入って半導体部門で仕事を始めた頃のことでした。

当時、購入したシリコンウエハーといえば30ミリ程度（インチクォーター：1と1／4インチ）の口径（現在は300ミリが主流）で、ただスライスされたままの濃く濁ったグレー色のものでした。現在の「鏡面仕上げ」とはほど遠いものが納品されていたのです。

駆け出しのエンジニアであった筆者は、自分で設計した半導体（IC）をつくるに際し、まずシリコンウエハーの表面の加工ダメージを取り除き、手作業（！）でできるだけピカピカの鏡面状態にまでもっていきます。「ピカピカ」といっても、現在のようにCMPを用いて真っ平にしたものではなく、手作業なので多少とも起伏のある状態でした。

■茶褐色のもうもうたる煙、鼻をつく臭い

その作業環境がすさまじいものだったのです。まず、ドラフトチャンバーの中でゴム手袋をし、透明なフェイスシールドで顔を覆い、取っ手の付いたテフロン製の容器にフッ酸と硝酸とヨード入り氷酢酸の混合液を調合し、その中にウエハーをパラパラと投入します。すると、茶褐色のもうもうたる煙と、鼻を鋭くつく刺激臭が生じます。

こうしてウエハーのダメージ層がエッチング除去された時点で、エッチング作業を止めなければなりません。ここが問題なのです。なぜなら素早く混合液を「純水」に置換しなければな

らないのですが、この作業の途中でウエハーが少しでも空気に触れると、ウエハー表面がモヤの掛かったように曇ってしまい、そのウエハーはオシャカになる（使えなくなる）からです。すなわち、ウエハーを空気に晒《さら》すことなく、いかにして素早く混合液を純水に置き換えられるかが成否の分かれ目でした。

いま、鏡面仕上げされたウエハーが納品されるのを見るたびに、あの強烈な刺激臭とともに当時のことを思い出します。悪戦苦闘した作業からの解放——半導体技術の自動化の進歩と先人たちの努力に改めて感心せざるを得ません。

■露光技術の進展とＥＵＶ露光の実用化

１９７８年、米国のＧＣＡ社は世界初の縮小投影露光装置、いわゆる「**ステッパー**」を開発しました。ステッパーはマスク（レチクル＝原版とも呼ばれる）を通し、露光光を１／５から１／10に縮小投影し、ステップ・アンド・リピート動作によりウエハー全面にチップ・パターンを形成する新しい露光方式でした。なお、ステッパーで使うマスクのことを**レチクル**と呼ぶことが多いので、ここでは「レチクル」の用語を主に使うことにします。

さて、ＧＣＡ社に続き日本の光学機械メーカーであるニコン（日本光学）もステッパーを開発し、当時、日本で進行中の超ＬＳＩ研究組合（１９７６年～１９８０年）に提供しました。

ステッパーは縮小投影露光方式のため、転写パターンの微細化や高精度化、チップごとの寸法補正やアライメント（調整）が可能なこと、さらにレチクル（マスク）をパーティクルなどの汚染から保護するペリクルの開発などにより、以降、露光技術の主流となって現在に至っています。

1970年代から80年代前半の初期ステッパーでは、光源として水銀ランプによる波長λ＝436ナノメートル（ナノ＝10^{-9}）のg線が使われ、パターン解像度は1マイクロメートル（マイクロ＝10^{-6}）前後でした。

ここでパターン解像度（R）は光源の波長λ（ラムダ）、レンズの開口数（明るさ）NA、さらに経験定数kにより、一般的に次式で表わされます。

R＝k・λ/NA

これからわかるように、微細化を進めるにあたり、より波長の短い光源を開発する必要があり、80年代半ばからはi線（365ナノメートル）が開発され、R＝0・5マイクロメートル程度が得られました。

90年代に入るとKrF（フッ化クリプトン）のエキシマレーザー光を使ったKrFステッパー（248ナノメートル、R＝0・18マイクロメートル）が開発されました。

■ステッパーからスキャナーへ――露光装置の発展

ステッパーではレチクルとウエハーを固定して、チップを一括露光する方式をとっていましたが、１９９５年にはニコンからレチクルとウエハーを同期移動させ、レンズのスリット状の部分をスキャン露光する**スキャナー**が実用化しました。

スキャナーはステッパーに比べて可動部分が多く、より複雑な機構をもった装置です。価格もステッパーに比べて高価になりました。また、ステッパーもスキャナーもレンズを使いますが、レンズは部分によって微妙な収差（ピントのズレ）があります。ステッパーがレンズ全面を使うのに対し、スキャナーは細いスリット上の部分だけレンズを使うため、スキャナーはステッパーよりもピントのズレを少なく抑えられる利点があります。さらに、露光フィールドも拡大する（大きなチップに対応できる）という利点をもっていました。このため、スキャナーは以降の露光装置の主流になったのです。

なおスキャナーの出現により、従来のステッパーをそのままステッパーと呼ぶ場合と、スキャナーもステッパーの一部と捉え、従来からのステッパーを**アライナー**と呼ぶ場合があります。

これが２０００年代に入ると、ArF（フッ化アルゴン）エキシマレーザスキャナー（１９３ナノメートル、Rは０・１３マイクロメートル未満）が開発されました。

また２００１年にはニコンから対物レンズとウエハーの間に水（屈折率n＝１・３３）を挟むことにより、波長を実質的に１／１・３３にする液浸露光と呼ばれる技術が開発されました。これ以降はしばらくの間、ArF液浸露光とダブルパターニング（すなわち二度露光で微細パターンを転写する方式）が最先端露光技術の主流になりました。

■オランダの巨人ＡＳＭＬが成し遂げたブレークスルー

大きなブレークスルーは、２０１８年に訪れます。オランダのＡＳＭＬ社によって実用化された**ＥＵＶ露光装置**です。ＥＵＶとは極端紫外線（Extreme Ultra Violet）のことで、高圧・高温のスズのタンクから滴下させたスズにレーザー光を照射し、生成したプラズマが発する波長λ＝13・５ナノメートルの光がＥＵＶ光です。

ＥＵＶでは屈折レンズは吸収が大きくて使えませんので、モリブデンとシリコンを何十層にも積層した反射鏡とマスク（レチクル）が使用されます。また空気によるＥＵＶ光の吸収があるため、装置内は真空に保たなければなりません。

ＥＵＶ露光機は、人類がつくり上げた最も複雑で繊細な装置といわれていて、１台２００億円を超える非常に高価な装置です。また、その操作やメンテナンスには非常に高度な知識をもつエンジニアとオペレータが必要です。

現在、ＥＵＶ露光機はオランダのＡＳＭＬが1社で世界シェアを完全に独占していて、他社の追随を許さない状況にあります。ＥＵＶ露光は3ナノ以降では必須の技術と考えられますが、次の世代の露光技術（高ＮＡ－ＥＵＶ）も鋭意開発されています。

■失敗を重ねる日本の国家プロジェクト

筆者はＥＵＶ露光技術に関して非常に残念に思うことがあります。それは２０００年頃の初期のＥＵＶ技術開発においては日本が比較的進んでいたことです。ＮＥＤＯ（国立研究開発法人新エネルギー・産業技術総合開発機構）の委託を受け、ＥＵＶ露光技術の開発のため２００2年～２００7年にＥＵＶＡ（極端紫外線露光システム技術開発機構）が産学官連携のもと活動していました。

そして１９９6年に日本の主要半導体メーカーによって設立されたSelete（半導体先端テクノロジーズ：セリート）がその成果を受け、２００6年にはＥＵＶ露光でハーフピッチ26ナノメートルの実証実験にも成功しています。さらに２０１１年にSeleteが解散した後は、新コンソーシアムＥＩＤＥＣ（ＥＵＶＬ基盤開発センター）にその業務が引き継がれました。

このような経緯があったにもかかわらず、ＥＵＶ露光技術の実用化においては日本メーカーはまったく蚊《か》帳《や》の外で、オランダのＡＳＭＬ1社のみが成功し、現在の独占的地位を与えてしまっているのです。

ここでは、その敗因について深く立ち入ることはしませんが、これまでの日本の国家プロジェクトの目標の立て方、やり方、あるいは戦略面などに問題なしとは、とうてい思えません。なぜなら、これらのプロジェクトで検討開発された個々の技術は、ＡＳＭＬのマシーンに生かされていることも多いと感じるからです。

もちろん国家プロジェクトが役立ったこともあります。例えば、１９９６年に設立のＡＳＥＴ（技術研究組合 超先端電子技術開発機構）などで研究開発されたＥＵＶレジストなどは、もともと日本メーカーが強い分野であることも手伝って、現在も世界市場で大きなシェアを占めています。またＥＵＶ用マスク検査技術では、日本のレーザーテック社が圧倒的地位を占めています。

しかし、日本の国家プロジェクトが次々と失敗に帰している事実については同じ轍《てつ》を踏まないよう、真摯に見直すことを強く銘記すべきだと思います。

4-6 世界と日本の半導体産業の推移
——半導体メーカー、35年の凋落の歴史

■世界半導体市場と地域別シェアの推移

半導体産業が辿ってきた道のりを、世界半導体市場と地域別シェアの推移という二つの面から概観してみましょう。

世界半導体市場に関しては、１９８５年には約２２７億ドルだったものが、わずか5年後の90年には2倍強の５００億ドル、２０００年には10倍近い２１５７億ドル、２０１０年には15倍の３０４９億ドル、そして直近の２０２２年にはなんと25倍の５５００億ドルへと、多少の凹凸があるものの全体的にはみごとな右肩上がりで拡大してきました。

結果的に１９８５年から２０２２年までの37年間で、市場は約25倍の規模に拡大しています。また２０２２年の市場規模は日本円で70兆円を超えていて、日本の自動車産業や金融業の規模を凌駕しています。

■図4-6-1　世界の半導体市場規模の推移

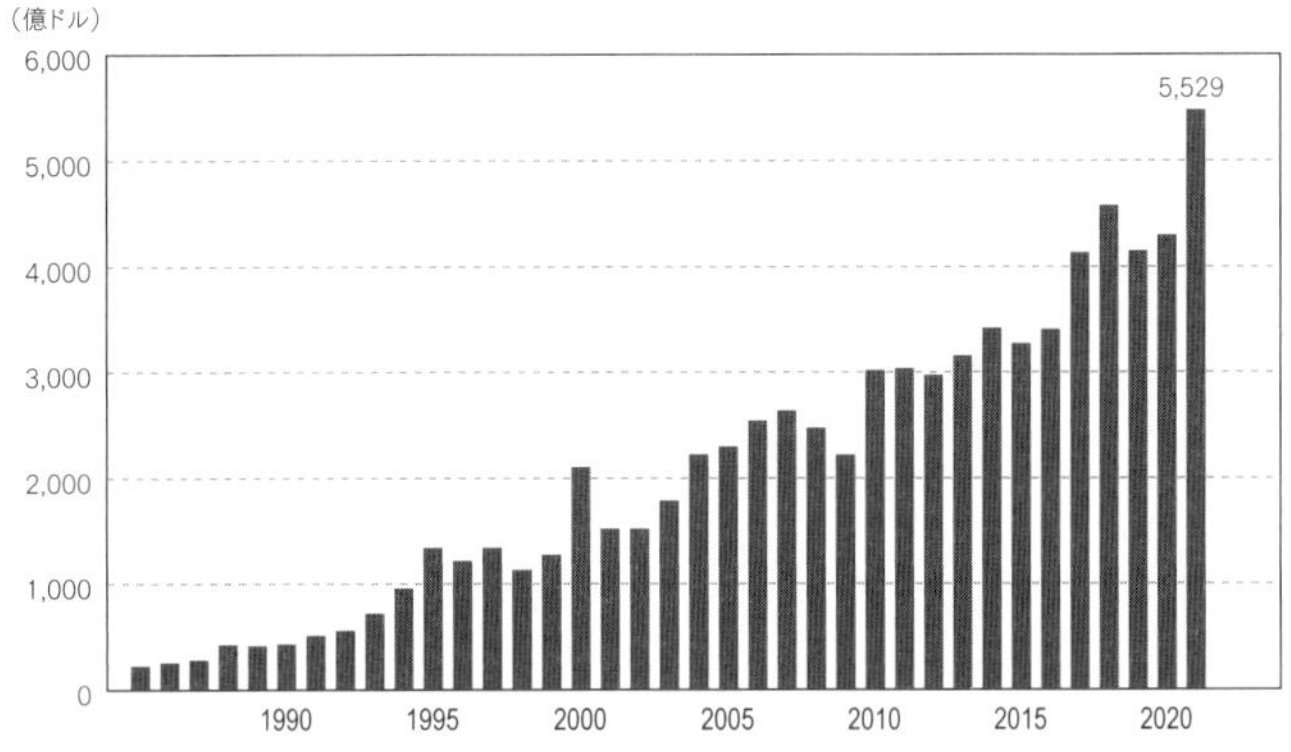

出所：Omdiaデータ参考

この規模は、半導体がクルマのような最終製品ではない（部品的な性質をもった）製品であることを考えると、驚愕すべきことといえるでしょう。

今後も特別なことが起きない限り、２０２７年頃には７０００億ドル、日本円で１００兆円の市場規模に成長するのではないか、と予想されています。

地域的には躍進と凋落に二分される

このような世界半導体市場の拡大の中で、地域別、ここではアメリカ、アジアパシフィック、日本、ヨーロッパの４つのブロックに分け、１９９０年から２０２０年までの30年間について５年ごとのシェアの変化を比べてみることにしましょう。

アメリカは１９９０年には38％でしたが、２０００年に49％、２０１０年に50％、２０２０年に

■図4-6-2　世界半導体市場の地域別シェア

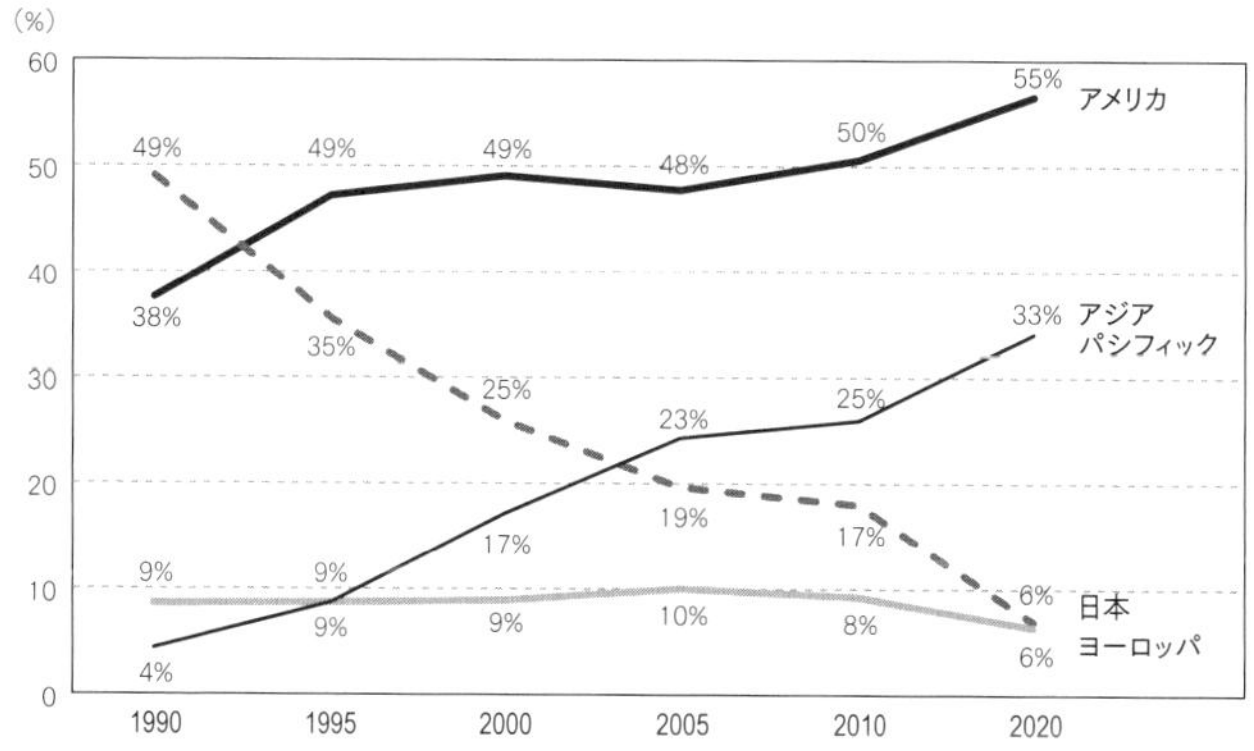

出所：IC insights

は55％と、30年間で堅実に17ポイントも伸ばし、１９９２年以降は世界でトップの位置を占めています。

アジアパシフィック地域は１９９０年にはわずか４％と最下位でしたが、その後、２０００年、２０１０年、２０２０年にはそれぞれ17％、25％、33％と急激な右肩上がりの成長を続け、30年間でシェアを29ポイントも伸ばして世界２位の地位に上がっています。

ヨーロッパは、１９９０年の９％から、２０００年、２０１０年、２０２０年にはそれぞれ９％、８％、６％と低位で推移し、日本とともにこの４つの地域では最下位の位置に甘んじています。

いっぽう日本は、１９９０年には49％と世界トップを占めていましたが、その後、２０００年、２０１０年、２０２０年にはそれぞれ25％、17％、

６％と奈落の底に転げ落ちるように右肩下がりでシェアを減少させ続け、１９９０年からの30年間でなんと43ポイントも減らし、最下位まで落ちています。

これらの数値からわかるように、半導体市場の世界シェアとしてはアメリカが堅実にシェアを伸ばし、アジアパシフィックは大幅に躍進し、日本は凋落し、ヨーロッパは低位低迷を続けているといえます。

■日本半導体メーカーの凋落――失われた30年

先ほどのグラフにはありませんでしたが、日本は１９８０年代後半には50％を超える世界市場シェアを誇り、「日の丸半導体」とまでもてはやされていた時期がありました。その日本の半導体産業はそれ以降凋落の一途を辿り、２０２０年にはわずか６％のシェアに落ち込んだのです。まさに日本の失われた30年（あるいは35年）を絵に描いたような状態が半導体業界を直撃したのでした。

ここでは国レベルではなく、企業レベルで「日本の半導体メーカーのポジションの変化」を捉えてみましょう（図４－６－３）。

１９８６年時点では、世界半導体市場におけるメーカー別シェアで、１位から10位までを見てみると、ＮＥＣ、日立、東芝、モトローラ（アメリカ）、ＴＩ（アメリカ：テキサス・イン

■図4-6-3　半導体メーカーの売上ランキングの推移

順位	1986年	1989年	1992年	1996年	2001年	2011年	2019年	2021年
1	NEC	NEC	インテル	インテル	インテル	インテル	インテル	サムスン電子
2	日立	東芝	NEC	NEC	STマイクロ	サムスン電子	サムスン電子	インテル
3	東芝	日立	東芝	モトローラ	東芝	TI	SK ハイニックス	SK ハイニックス
4	モトローラ	モトローラ	モトローラ	日立	TI	東芝	マイクロン	マイクロン
5	TI	富士通	日立	東芝	サムスン電子	ルネサス	ブロードコム	クアルコム
6	フィリップス	TI	TI	TI	モトローラ	クアルコム	クアルコム	ブロードコム
7	富士通	三菱電機	富士通	サムスン電子	NEC	STマイクロ	TI	TI
8	松下	インテル	三菱電機	富士通	インフィニオン	SK ハイニックス	STマイクロ	インフィニオン
9	三菱電機	松下	フィリップス	三菱電機	フィリップス	マイクロン	キオクシア	STマイクロ
10	インテル	フィリップス	松下	SGSトムソン	三菱電機	ブロードコム	NXP	キオクシア

出所：IC Insights,iSuppli

スツルメンツ）、フィリップス（オランダ）、富士通、松下、三菱電機、インテル（アメリカ）と、トップ10の中に日本メーカーは6社が占め、しかもトップ3を独占していました。

次の1989年になっても、メーカーの順位に多少の変化は見られたものの、トップ10のメンバーの顔ぶれとトップ3メーカーに変化はなく、日本メーカーの存在感がむしろ増していたといえます。

1992年になると、トップ10のメンバーは変わっていないものの、インテルが一気にトップに躍り出ています。1991年からの日米半導体協定の影響が見られ始めているようです（「日米半導体協定」については後述）。

1996年にはインテルがトップのままで、日本メーカーが1社減って5社になるとともに、新たにサムスン（韓国）とＳＧＳトムソンがランクインしています。ＳＧＳトムソンはイタリアのＳＧＳ社、フランスのトムソン社の半導体部門の合併により生まれた会社でしたが、その後、トムソンが撤退したため、１９９８年には社名をＳＴマイクロエレクトロニクス（本社はスイス、登記はオランダ）と変更しています。

２００１年には、トップ10の順位が大きく変わっています。ＳＴマイクロエレクトロニクスは前記した通りの企業ですが、新たにランクインしたインフィニオンはシーメンス（ドイツ）から独立した会社です。日本メーカーはさらに2社減って3社になっています。

２０１１年には、日本メーカーはとうとう2社にまで減少する憂き目に遭いました。5位に入ったルネサスとは、三菱電機と日立とＮＥＣから分社化統合した半導体会社のことです。メモリのメーカーであるＳＫハイニックス（韓国）とマイクロン、ファブレス企業のクアルコムとブロードコムの躍進と、アメリカ・韓国勢のランクインが目立ちます。

２０１９年になると日本のルネサスはベスト10にさえ入れず、日本企業はキオクシア１社になってしまいました。なお、キオクシアは東芝の半導体メモリ事業（ＮＡＮＤ型フラッシュが中軸）を分社化した企業で、ＮＸＰセミコンダクターズはフィリップス（オランダ）から独立した企業です。上位陣の顔ぶれを見ると、メモリのメーカーが多いこともわかります。

２０２１年になると、日本メーカーはキオクシアが最下位でかろうじて残っています。サムスンがインテルを抜いて1位になり、以降インテルとサムスンのトップ争いが続くと見られていましたが、２０２３年の通期（２０２４年2月発表）ではエヌビディアが半導体売上のトップに躍り出たという報もあり、しばらくは激しい争いが続きそうです。

以上見てきたように、１９８６年には世界半導体市場のトップ10のうち6社（しかもトップ3を独占）を占めていた日本メーカーは、35年を経過する間にわずか1社（それも最下位）という凋落ぶりで、日本経済の失われた35年を絵に描いたような光景です。

4-7 装置メーカーと材料メーカーの健闘

トップ10に4～5社

半導体業界の中でも、今度は「製造装置メーカーと材料メーカー」に目を転じると、そこには違う景色が見えてきます。

半導体装置メーカーの２００５年における売上の世界トップ10は次の表の通りで、1位のＡＭＡＴ（アメリカ）以下、東京エレクトロン（日本）、ＡＳＭＬ（オランダ）、ＫＬＡテンコール（アメリカ）、ラムリサーチ（アメリカ）、アドバンテスト（日本）、ニコン（日本）、ノベラス（アメリカ）、ＳＣＲＥＥＮ（日本）、キヤノン（日本）で、日本メーカーが5社を占めています。

２００９年になると、3位だったオランダのＡＳＭＬがトップに立ち、同じくオランダのＡＳＭインターナショナルがベスト10に入ります。日本の製造装置メーカーは1社減ったものの、

■図4-7-1　装置メーカーの売上ランキングの推移

順位	2005年	2009年	2020年
1	AMAT（アメリカ）	ASML（オランダ）	AMAT（アメリカ）
2	東京エレクトロン（日本）	AMAT（アメリカ）	ASML（オランダ）
3	ASML（オランダ）	東京エレクトロン（日本）	ラムリサーチ（アメリカ）
4	KLAテンコール（アメリカ）	KLAテンコール（アメリカ）	東京エレクトロン（日本）
5	ラムリサーチ（アメリカ）	ラムリサーチ（アメリカ）	KLAテンコール（アメリカ）
6	アドバンテスト（日本）	SCREEN（日本）	アドバンテスト（日本）
7	ニコン（日本）	ニコン（日本）	SCREEN（日本）
8	ノベラス（アメリカ）	アドバンテスト（日本）	テラダイン（アメリカ）
9	SCREEN（日本）	ASMインターナショナル（オランダ）	日立ハイテク（日本）
10	キヤノン（日本）	ノベラス	ASMインターナショナル（オランダ）

出所：VLSIリサーチ

依然として4社がトップ10に入っています。

２０２０年になると、ＡＭＡＴが首位をＡＳＭＬから奪い返し、新たにテラダイン（アメリカ）、日立ハイテク（日本）がトップ10にランクインしています。

■半導体メーカーの二の舞いにならないか？

このように日本の半導体装置メーカーはデバイスメーカー（半導体メーカー、ＩＤＭ）に比べてはるかに健闘しているといえます。ただ、詳しく見ていくと、トップ10の中での順位は少しずつ低下してきており、決して安心できる状況ではありません。

日本の装置メーカーには、新技術や新方式に対する果敢なチャレンジと、デファクトスタンダード（事実上の標準）化に繋がる開発力、さらにはしかるべきリソース（人材、資金）の投入が必要でしょう。

また韓国、台湾、中国は、「半導体デバイスの次は製造装置」と、すでにターゲットを製造装置の分野にしっかり絞り、猛追してくるのは必至です。それを振り切って現在のポジションを維持、さらには向上させていかなければなりません。

■材料メーカーはさらに健闘

ここでは製造装置メーカーについて見てきましたが、日本の材料メーカーは、それ以上に頑張っているといえます。例えばシリコンウエハー、露光用マスク（レチクル）、成膜やエッチングなどに利用されている高純度ガス、あるいは薬液などで日本メーカーは世界的に大きな存在感を示しています。ただし、外国メーカーは、デバイス分野から装置分野に進出を図っているのと同じように、「次は材料分野！」と狙っているのは当然のことですので、それに抗して優位性を保ち続けられるよう万全の備えが必要でしょう。

最近のニュースでも報じられているように、シリコンウエハーメーカーのＳＵＭＣＯ（日本）に国が７５０億円の支援を行なうとか、レジストメーカーのＪＳＲ（日本）を官民ファンドの産業革新投資機構（ＪＩＣ）が１兆円で買い上げるなど、材料メーカーへのテコ入れが国レベルでもようやく始まっています。

4-8 つまずきの第一歩は「日米半導体協定」だった

■2回、10年にわたる密約

1970年代の後半から、日本企業による半導体の対米輸出が増加していました。1981年には世界半導体市場シェアの50％を超え、64キロビットの先端DRAM（メモリ）に至っては、実に70％超を日本メーカーが占めるに至っていました。

アメリカの社会学者エズラ・ヴォーゲルの著書『ジャパン・アズ・ナンバーワン』にも示されているように、戦後日本の急速な経済復興の波の中で、日本の半導体は「日の丸半導体」と持ち上げられ、半導体産業界全体が繁栄を謳歌していた（浮かれていた）と思われます。

しかし、半導体は各種兵器の高性能化などにも利用されるため、アメリカは「国防上の懸念」をある意味で錦の御旗とし、米国半導体工業会（SIA）は1985年に米通商代表部（USTR）に日本の半導体メーカーを「ダンピング違反」として提訴しました。

この提訴を受け、半導体に関する日米貿易摩擦を解決するという名目のもと、「**日米半導体協定**」が締結されました。この協定は1986年～1991年の第1次、1991年～1996年の第2次に分けられます。第1次協定の主な内容は、

・日本の半導体市場の海外メーカーへの開放
・日本の半導体メーカーによるダンピングの防止

というものでした。前者に関しては第2次協定で明文化された、「日本の半導体市場における外国製半導体のシェアを20％以上にすること」との密約があったとされています。

しかし、1989年の半導体世界シェアのメーカー別の順位を見てもわかるように、NEC、東芝、日立、モトローラ、富士通、TIと、依然として日本メーカーが上位を占めていたため、1991年に締結された第2次協定では、上記20％以上との数値目標が、第1次協定からのダンピング防止条項に加えて明記されるに至りました。

■日本メーカーの半導体価格をアメリカが決める？

この協定により、日本の半導体メーカーの現場でどんなことが起きていたかは、おそらくその場に身を置いていた関係者以外、知ることはないでしょう。そこで、筆者自身、辛酸《しんさん》をなめるに至った舞台裏を記しておくことにしましょう。

まず日米両政府が日本の半導体メーカーに対し、半導体製品の「コストデータの提出」を求めるようになりました。いわゆるＦＭＶ（Fair Market Value：公正市場価格）を算出するためという名目で、当時、担当者だった筆者たちはどのような対応を余儀なくさせられたか。

まず、一日の終業時に「ラインで流れた個々の製品にどれくらいのリソースを掛けたかの報告義務」を課せられるようになりました。多くの半導体工場では、異なる製品が同じラインで製造されています。このため、製品ごとにそれぞれのプロセスで使用される装置や材料、あるいは作業に掛けた人件費の割合（賦課率）などを算出するというのはたいへんな労力です。

そもそもＤＲＡＭで日本メーカーが圧倒的シェアを占めているのは「ダンピングによる安売りをしているためでは？」との疑いから、「日本の半導体の価格はアメリカ政府が決める！」という、とんでもない取り決めだったといえるでしょう。

さらに現場サイドにボディーブローとして効いたのは、「日本市場における外国製半導体のシェアを20％以上にする」という条項です。それまで外国製製品が10％だったのを倍増しなければならないという「購買義務」だったのです。

不平等条約を契機に逆転負け

このような日米半導体協定の発効が原因のすべてではないにせよ、第2次協定締結（199

1年）の翌１９９２年には、半導体市場において１９８９年には8位にすぎなかったインテルが一気にＮＥＣを抜いて世界1位になり、ＤＲＡＭ（メモリ）の分野ではサムスンが日本メーカーを抑えて1位を占めるに至りました。

このような不平等な半導体協定を呑まざるを得なかった日本の半導体業界が受けた直接的ダメージはもちろん、当時の政府の対応や結果として残されたトラウマが、その後の半導体業界と政策に大きな負の影響を残したのは間違いないでしょう。

その後も半導体に関するいくつかの官民合同の国家プロジェクト、ＡＳＥＴ（技術研究組合超先端電子技術開発機構）、Selete（半導体先端テクノロジーズ、通称セリート）、ＡＳＰＬＡ（先端ＳｏＣ基盤技術開発）などが起こされましたが、結果としてどれも日本の半導体産業全体の復権に寄与したとは思えません。

その大きな理由は、まず達成すべき明確なテーマの設定、各社からの派遣メンバー（お付き合い意識を超えて自社のエース級を出したか？）、予算がテーマ別に細切れであまりにも少額、国の政治的介入、経過と結果に対する評価基準の曖昧さ・甘さ等々によると考えます。

いっぽう、同じ時期の韓国、台湾、そして近年では中国がそれぞれの政府の手厚い庇護のもと、半導体産業を大きく伸ばしたのとは対照的です。

4-9 ＴＳＭＣの助力、ラピダスの挑戦で日本半導体の復権はなるか？

■ＴＳＭＣの熊本工場の建設

失われた35年の「あきらめ状態」にあった日本半導体産業に、大きな驚きと衝撃を伴ったニュースが二つ飛び込んできました。

その一つが、２０２１年10月に発表された、台湾の半導体受託生産会社（ファウンドリー）ＴＳＭＣが日本に工場を建設するというニュースでした。ＴＳＭＣは世界最大のファウンドリー企業で、最先端半導体の世界生産シェアが75％にも及びます。時価総額で見ても、トヨタ自動車の2倍に及ぶ巨大企業である上、米中覇権争いの渦中で最重要戦略物資となった半導体を巡り、その地政学的位置づけからの重要性がいやが上にも高まっています。

ＴＳＭＣによる新しい工場の内容を見ておきましょう。まず、１兆３０００億円規模の投資の過半をＴＳＭＣが出資し、ソニーセミコンダクタソリューションとデンソーが資本参加し、日本政府（経済産業省）が最大４７００億円の補助を与えます。そして注目の工場は、22／28ナノのプレーナ型、12／16ナノテクノロジーノードのＦＩＮＦＥＴ（立体構造の工程技術）を用いた、月５万５０００枚の３００ミリのシリコンウエハー処理ラインを建設するという内容です。

工場建設は、２０２２年４月から熊本県菊池郡菊陽町で開始され、２０２４年末から生産開始の予定で進んでいます。この工場が日本の半導体産業の復活にどれだけ寄与するかは議論のあるところですが、少なくとも低迷していた日本の半導体産業へのカンフル剤としての役割は期待したいものです。

■ラピダスへの期待と不安

二つ目は、２０２２年８月に設立され、２０２３年９月１日に北海道の千歳市で起工式を迎えた、２ナノテクノロジーノード以降の最先端ロジック半導体の開発・生産を目的とした工場の**ラピダス**（Rapidus）です。ラピダスには、トヨタ自動車、デンソー、ソニーグループ、ＮＴＴ、ＮＥＣ、ソフトバンク、キオクシア、三菱ＵＦＪの８社、総額73億円の出資に加え、日本政府（経済産業省）からの試作ラインや研究開発支援として、現在のところ３３００億円の補助を得てスタートしています。

ここで出資8社について少し考えてみましょう。いずれの会社もラピダスが国（経産省）のキモ入りで発足し、手厚い資金援助を受けられるという好条件が根底にあることが出資の前提になっているでしょう。

その上で各社の思惑を推し量ると、ＮＴＴ、トヨタ自動車、デンソー、ソニーグループ、ＮＥＣの5社はあくまで最先端半導体のユーザーとしての立場で、自社のビジネス展開・発展に必要不可欠になる先端半導体の開発・生産先を確保し、優先的に供給してほしいとの思いが働いているでしょう。

もっとも、ユーザーとサプライヤーという、ある意味で矛盾する立場に立つのはおかしい感じもしますが、これらの会社は最終的にはユーザーとしての立場を優先するでしょう。

各社について少し具体的にいえば、ＮＴＴは同社のＩＷＯＮ（アイオン）構想、すなわち最先端の光技術を使った低遅延・高速通信のネットワーク構想を実現し、自動運転などを可能にするため、先端半導体を含む光電融合技術の実現を考えているでしょう。

トヨタ自動車とデンソーはＥＶ（電気自動車）の高度化や自動運転車の実現、ソニーは今後のイメージセンサーがらみの高度システムや新たな分野としての自動運転車、ＮＥＣはこれからのＡＩ（人工知能）開発などが主なターゲットになるでしょう。ソフトバンクと三菱ＵＦＪは新しい有望な投資先と見ているのではないでしょうか。

不思議なのは、ＮＡＮＤフラッシュに特化しているキオクシアの参加です。ラピダスは先端ロジックを対象としているのでキオクシアの参加は奇異な感じもしますが、キオクシアが出資を決めたのはＥＵＶ（さらに高ＮＡ－ＥＵＶ）露光技術をメインとする、新たなプロセス・装置技術のマスターや新たな３Ｄ実装関連技術への期待ではないかと筆者は見ています。

キオクシアの参加以上に不思議なのは、ルネサスの不参加です。ルネサスは先端ロジックに進出せず、これからも枯れた技術だけで行こうとしているのか、あるいは穿《うが》った見方をすれば、過去に経験したトレセンティテクノロジーズ（日本のファウンドリー会社）の失敗の当事者としてのトラウマがあるのか、とも考えられなくもありませんが、これはあくまでも筆者の個人的な感想に過ぎません。

ラピダスによれば、今回の第１棟（ＩＩＭ－１）に加え、将来同じ場所に第２棟の建設も考えていて、最終的に計画を遂行するには約５兆円の投資が必要になるとのことです。ラピダスはＩＢＭと技術提携し、２ナノ以降のＧＡＡ（ゲートオールアラウンド）型トランジスタ技術のライセンス供与や技術者をＩＢＭで教育することなども計画されています。またラピダスはベルギーにある国際研究機関ＩＭＥＣとも連携すると発表されています。

ここで世界における最先端テクノロジーノードの状況を見てみると、サムスンは２０２２年に３ナノのＦＩＮＦＥＴ（立体構造の工程技術）の量産を開始しており、ＴＳＭＣに至っては

2024年には2ナノのGAA（ナノシートトランジスタ）のパイロット生産を開始し、2025年には台湾の高尾や台中の工場で量産する予定です。

これらの状況を勘案して、ラピダスの今後を考えると、さまざまな問題点や課題が浮き上がってきて、その前途は必ずしも楽観できるものではないと思われます。

以上述べたような、日本の半導体産業の復活に向けた動きは、「遅きに失した」という感も無きにしもあらずです。しかし、これが産官学をあげて失われた35年の自省と決断から生まれたものか、アメリカの新たな半導体戦略に突き動かされた、あるいは半ば強要されたものかは問わないとして、「日本の半導体戦略が世界の構図に無視できない影響を及ぼしつつある」という、ある国のコメントを待つまでもなく、『日本の半導体産業に巡ってきた最後のチャンス」と心しなければならないでしょう。

コラム　世界中で巻き起こる半導体工場「建設狂騒曲」

激化する米中覇権争いの中で、すでに何度か述べてきたように、今や経済安保の観点からも半導体は最重要な戦略物資と化しています。

このような状況の中で、特に先端技術半導体ではＴＳＭＣを始めとする台湾が世界の供給基地化しています。しかし、２０２０年から顕在化した半導体不足やコロナ禍でのサプライチェーンの混乱などを通じ、アメリカは台湾有事の事態に備える意味もあり、自由圏内でのサプライチェーンを確立する必要性に迫られました。それとともに、半導体ビジネスにおけるアメリカの唯一のミッシングピースとしての「生産基地の拡大・充実」を図るため、「チップス法」を制定し、政府支援をテコにした半導体生産基地の拡充戦略に乗り出しました。

この動きに触発され（後押しされ、刺激され、焦らされ）、主要各国も異次元ともいえる自国内生産基地の新設・整備・拡張に動いています。わかっている具体的な工場建設計画（前工程に限定）の例をあげてみましょう。

まずアメリカでは、政府援助金を受け、インテルがオハイオ州にファブ（工場設備）２棟２

兆3000億円の投資を計画しています。マイクロンもインテルに負けまいと、ニューヨーク州に今後20年間で14兆4000億円の、またテキサス・インスツルメンツはテキサス州に3兆9000億円、グローバルファウンドリーズはニューヨークに1300億円の投資計画などがアナウンスされています。

またアメリカ政府の支援を受け、台湾のTSMCがアリゾナ州に5兆5000億円、韓国サムスンがテキサス州に2兆円の投資を行なう予定です。

さらに海外工場としては、インテルがドイツに2兆2000億円、イスラエルに3兆2500億円の、台湾のTSMCがボッシュ、インフィニオン、NXPセミコンダクターズと共同で1兆6000億円の投資が計画されています。

いっぽう日本国内では、日本政府の援助のもとJASM（TSMCの熊本工場）の第1工場と第2工場を合わせ3兆円超の、ラピダスが北海道千歳市に3～5兆円（最終的に）、JSMC（台湾のPSMCと日本のSBI共同）が宮城県に9000億円、またパワーデバイスSIC対応として三菱電機が熊本県に2000億円、ロームが宮崎県に2900億円の投資を行なうことも発表されています。

このほかに、特にTSMCとサムスンからは、自国内でのいくつかの先端工場建設のニュースも流れてきています。

第5章

そもそも「半導体」とは?

5-1 材料を電気的特性で分類すると

■「半導体」って何だ？

物質あるいは材料というのは、電気的な性質の違いによって大きく3種類に分類することができます。ここでいう電気的な性質とは、「電気の通しやすさ（逆にいうと、電気の通しにくさ）」を表わしています。

電気をよく通す物質は**導体**、英語でconductor（コンダクタ）と呼ばれます。導体はまた伝導体あるいは良導体と呼ばれることもあります。いっぽう電気をほとんど通さない物質は**絶縁体**、英語でinsulator（インシュレータ）と呼ばれます。

さらに導体と絶縁体の中間の電気的な性質をもった物質が**半導体**です。英語でsemiconductor（セミコンダクタ）と呼ばれますが、「semi-（セミ）」とは「半分」を表わす接頭語なので、半導体という名称はまさに「半分は導体、半分は絶縁体」であるという意味をもっていることになります。

導体、絶縁体、半導体を区別する指標としては、**比抵抗**（電気比抵抗、抵抗率ともいう）があります。これは電気の通しやすさを示す電気伝導率（σ）の逆数（1/σ）を表わしたものです。つまり、比抵抗とは電気の通しにくさのことです。

この比抵抗で「導体、絶縁体、半導体」を分類したのが次ページの図です。これを見ると、半導体は比抵抗が10^{-6}~10^{7}［Ω・m］までの、なんと10^{13}倍（10兆倍）もの広い範囲の物質であることがわかります。

この3種類の物質について、代表的な物質名をあげると、

①導体には、銀（Ag）、銅（Cu）、金（Au）、アルミニウム（Al）などの金属

②絶縁体には、石英（SiO_2）、テフロン、ゴム、ガラスなど

③半導体には、シリコン（Si）やゲルマニウム（Ge）などの「元素半導体」以外にも、ガリウムヒ素（GaAs）、窒化ガリウム（GaN）などの「化合物半導体」、さらには酸化スズ（SnO_2）、酸化亜鉛（ZnO_2）などの「酸化物半導体」

などがあります。導体、絶縁体という言葉とその物質（導体の銀、銅、絶縁体のゴム、ガラスなど）については日頃から聞いたことがあると思いますが、半導体のほうはあまり身近に感じない物質が多いかもしれません。

■図5-1-1　半導体は「導体と絶縁体の中間物」？

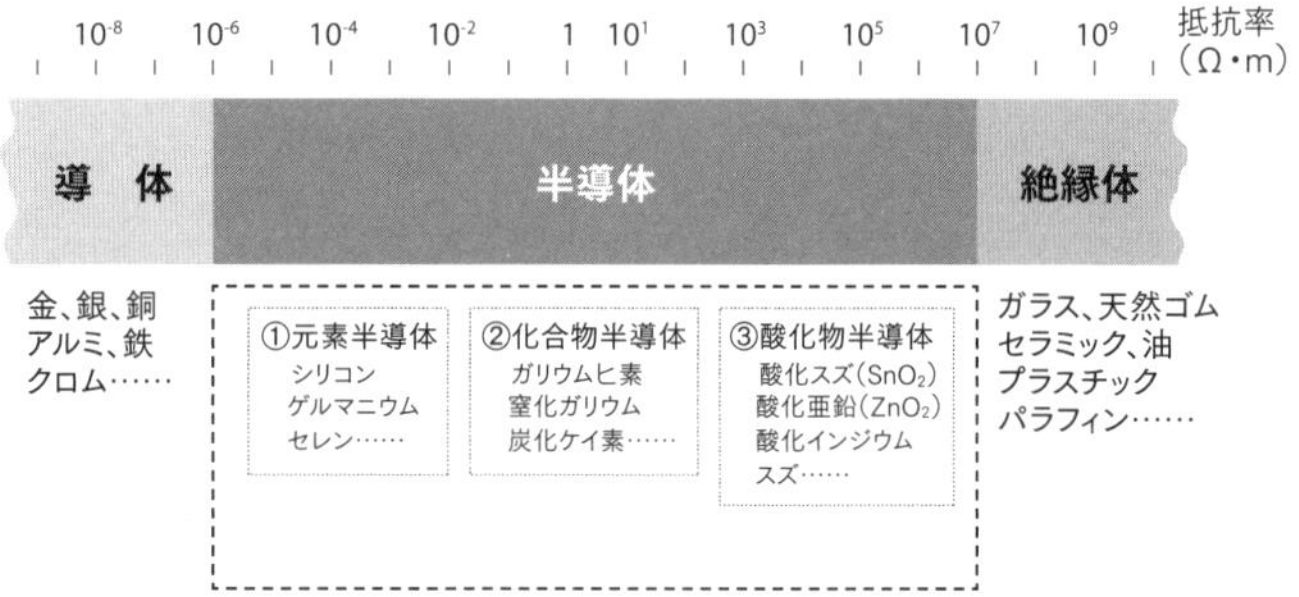

半導体にはさまざまな種類がある

半導体としての性質を示す物質には、無機物からなる「無機半導体」と、有機物からなる「有機半導体」とがあります。有機半導体にもペンタセンやアントラセンなどさまざまな半導体材料がありますが、本書では多くの分野で広く使われている無機半導体について説明していきます。

無機半導体には、単一の元素からなる「元素半導体」、複数の元素の化合物からなる「化合物半導体」、ある種の金属の酸化物からなる「酸化物半導体」があります。順に説明していきましょう。

元素半導体は単一の元素が半導体材料になるというものです。代表的なものに、シリコン、ゲルマニウム、セレン、テルルなどがありますが、現在さまざまな分野で最も多く使われているのはシリコンです。シリコンはケイ素（珪素）とも呼ばれる元素で、地球上（地表近く）に2番目に多く存在しています。

化合物半導体は、構成元素の数により2元系、3元系、4元系などに分類されます。2元系化合物半導体としては、ガリウムヒ素、窒化ガリウム、炭化ケイ素、インジウムアンチモンなど、3元系化合物半導体にはアルミニウムガリウムヒ素など、4元系化合物半導体にはアルミニウムガリウムインジウムヒ素などがあります。化合物半導体は、パワーデバイス（電力系の半導体）、高周波デバイス、ＬＥＤ、レーザーなどの分野で用いられています。

酸化物半導体には、酸化スズ、酸化亜鉛、酸化インジウム、酸化インジウムスズ、インジウムガリウム亜鉛酸化物（ＩＧＺＯ：アイジーゼットオー）などがあります。酸化物半導体は、液晶ディスプレイや有機ＥＬディスプレイなどのバックプレーンや透明電極、あるいはガスセンサーなどに使用されています。

なぜ「シリコン」が半導体に使われているのか？

以上の説明からもわかるように、ひと口に半導体といっても実にさまざまな材料がありますが、それらがもつ特性に応じて、あるいは用途によって使い分けられています。すなわち動作速度、周波数特性、消費電力、パワーなどの性能、レーザーを含む光電特性、コスト、生産性などがどの材料を使うかの判断基準になります。

すべての半導体材料の中で、突出して多いのが**シリコン**（ケイ素）です。シリコン半導体はコンピュータ、家電製品、スマホ、クルマなどありとあらゆる電気機器に組み込まれています。「半導体はどこで、何に使われているのだろうか？」と探すよりも、多少でも知的な機能をもった機器であれば、半導体が使われていないものを探し出すほうがずっとむずかしいでしょう。

その大きな理由は、シリコンが地球（地殻）の中で、酸素についで2番目に豊富に存在するごくごくありふれた元素であること、加工や高純度化しやすい材料であること、電気的特性も優れていること（個々の特性でベストということではない）、比較的低コストであること、熱酸化により優れた絶縁膜である二酸化シリコンを形成できること、などがあります。

このように半導体の材料としてシリコンが優れていることを考えると、シリコンはまさに天の配剤といわざるを得ません。

本章では、シリコンの材料特性やシリコンを用いた半導体デバイスについて、詳しく説明していきます。

■図5-1-2　クラーク数の例

順位	元素名	元素の存在比
1	酸素	49.5%
2	ケイ素	25.8%
3	アルミニウム	7.6%
4	鉄	4.7%
5	カルシウム	3.4%
6	ナトリウム	2.6%
7	カリウム	2.4%
8	マグネシウム	1.9%
9	水素	0.8%
10	チタン	0.5%

小数第二位四捨五入

※クラーク数は地球の地表付近に存在する元素の割合を質量パーセント濃度で表わしたもの

5-2 エネルギーバンドとは何か

■電子が存在できるところ、存在できないところ

半導体やその性質をベーシックな面から理解しようとすれば、**エネルギーバンド理論**（エネルギー帯理論）について、多少とも知っておく必要があります。そういうと気後れする人がいるかもしれませんが、心配することはありません。もちろん、量子力学を用いて厳密にエネルギーバンドを理解しようとすると、誰が聞いてもむずかしい話になってしまいます。

そこで、ここでは「ああ、そういうことか！」と直観的なイメージでつかんでいただけるような説明を心掛けたいと思います。

さて、原子の話のおさらいから始めましょう。原子とは、陽子と中性子からなる「原子核」と、その原子核から一定の距離の殻軌道を回る「電子」から構成されています。そして、電子はエネルギーの低い内側の軌道（内側からK殻、L殻、M殻……）から順に埋まっていきます。

原子核の陽子はプラスの電荷をもち、軌道上の電子はマイナスの電荷をもっています。そして通常、「陽子と電子の数は同じ」なので、プラスとマイナスの電荷は互いに打ち消し合い、原子全体としては電気的に中性です。

殻軌道を回る電子は、それぞれの軌道に応じて飛び飛びのエネルギーレベル（エネルギー準位とも呼ばれる）をもっています。いっぽう、多数の原子が集まると殻、特に最外殻を回る電子はもともとそれが属している原子の原子核の他に、他の原子核からの影響を受けて、エネルギーレベルは幅をもつようになり、バンド状（帯状）の連続的な分布を取るようになります。これが**エネルギーバンド**（エネルギー帯）と呼ばれるものです。

価電子帯、伝導帯、禁制帯

エネルギーバンド図を見ると、**価電子帯**（Valence Band：VB）と呼ばれるバンドは、ぎっしり詰まって自由には動けず束縛された電子（価電子）で満たされています。

いっぽう**伝導帯**（Conduction Band：CB）と呼ばれるバンドは、自由に動ける電子（**自由電子**）が存在できるところです。ただし「ところ」といっても、実際の物理空間における場所ではなく、エネルギー空間における場所（ところ）という意味です。

この価電子帯と伝導帯を分離している帯（バンド）は**禁制帯**と呼ばれますが、「禁制」の名

■図5-2-1　禁制帯の幅に違いがある

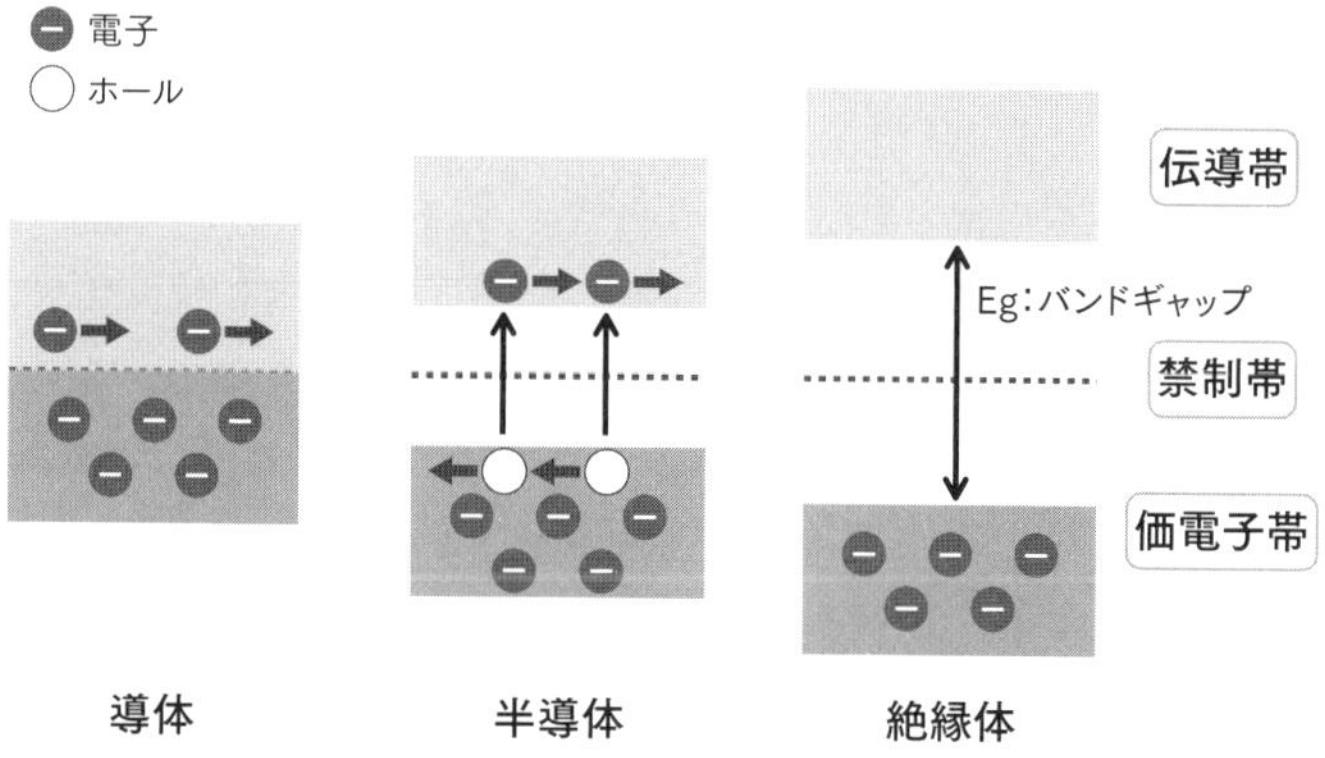

前が示すように、ここには電子が存在できません。禁制帯の幅、すなわち価電子帯の上端と伝導帯の下端の間の**エネルギーギャップ**（バンドギャップ）は通常Eg（Energy gap）で表わされます。

導体、絶縁体、半導体のエネルギーバンド

　この章の最初で、物質（材料）は電気の通しやすさの違いから「導体、絶縁体、半導体」の三つに分けられることを説明しましたが、なぜそのような違いが生じるのでしょうか。実は、それは先ほど述べたばかりの「エネルギーバンドの違い」に起因しているのです。

　電気をよく流す導体では、通常の状態（常温、あるいは光などの刺激を受けていない状態）でも、伝導帯に自由に動ける電子（自由電子）が存在しています。エネルギーバンド構造でいえば、禁制帯が狭

い（バンドギャップEgが小さい）か、あるいはもともと伝導帯と価電子帯がオーバーラップしていて禁制帯が存在しない（すなわちEg＝0）からです。

いっぽう絶縁体では、禁制帯が広い（バンドギャップEgが大きい）ので、通常状態では価電子帯の電子が伝導帯に上がらないため、自由電子は存在していません。そのため電気をほとんど通さないのです。

ところが半導体では、禁制帯が導体と絶縁体の中間の幅をもっているため、高温にしたり光などを照射したりすると、そのエネルギーで励起された価電子帯の束縛電子が禁制帯を飛び越えて伝導帯に上がって自由電子となるため、電気を流しやすくなります。

このように物質（材料）そのものが半導体としての性質を示すものは、**真性半導体**と呼ばれます。

また半導体の中でも、特にエネルギーギャップEgが大きい（およそ2.2～5.5eV）半導体は**ワイドギャップ半導体**と呼ばれ、窒化ガリウム（Eg=3.4eV）、炭化ケイ素（2.2～3.0eV）、ダイヤモンド（5.5eV）などが含まれます。エネルギーギャップが大きい材料を使うメリットとしては、高い絶縁耐圧が得られ、エネルギー損失を抑えられるので高電力が扱え、さらに可視光やレーザーの発光ができることがあります。

いっぽう、特にEgが小さい（およそ0.1～0.7eV）半導体は**ナローギャップ半導体**と呼ばれ、アンチモン化インジウム（0.17eV）、テルル化鉛（0.32eV）、アンチモン化ガリウム（0.67eV）などが含まれます。赤外線の検出器や熱電変換素子などに活用されています。

ワイドギャップとナローギャップの中間のエネルギーギャップをもつ半導体はもちろん、特に区別する必要がない場合にはすべて単に「半導体」と呼ばれます。

ここでは真性半導体（i型シリコン）と呼ばれる半導体について説明しましたが、このほかにも半導体には、不純物（導電型と呼ばれる原子）を添加することによって面白い特性を示すものがあり、それは「不純物半導体」と呼ばれます。

5-3 固体シリコンの三つの存在形態

■シリコン原子と4本の結合手

いろいろな半導体材料の中で、最も広範な応用分野で数多く利用されているのはシリコンです。シリコン（silicon）は珪素（ケイ素）とも呼ばれ、原子記号Siで表わされます。

シリコンは地殻表面近傍での元素存在比率を示すクラーク数（144ページ）が25・8％と酸素の49・5％に次いで2番目に多く、いわばごくありふれた元素といえます。

シリコン原子は、14個の陽子と14個の中性子からなる原子核の周りを、合計14個の電子が回っていて、一番内側のK殻に2個、次のL殻に8個、一番外側のM殻（最外殻）に4個の電子があります。K殻とL殻の電子は内殻電子、M殻の電子は「**価電子**」とも呼ばれます。

原子（元素）の電気的あるいは化学的な性質は、主に最外殻電子によって決まります。1個のシリコン原子が他の原子と化学結合する場合、最外殻の4個の電子が結合に関与するので、シリコンは**4本の結合手**（ボンド：bond）をもっていることになります。

■図5-3-1　単結晶シリコンは規則的な結晶格子

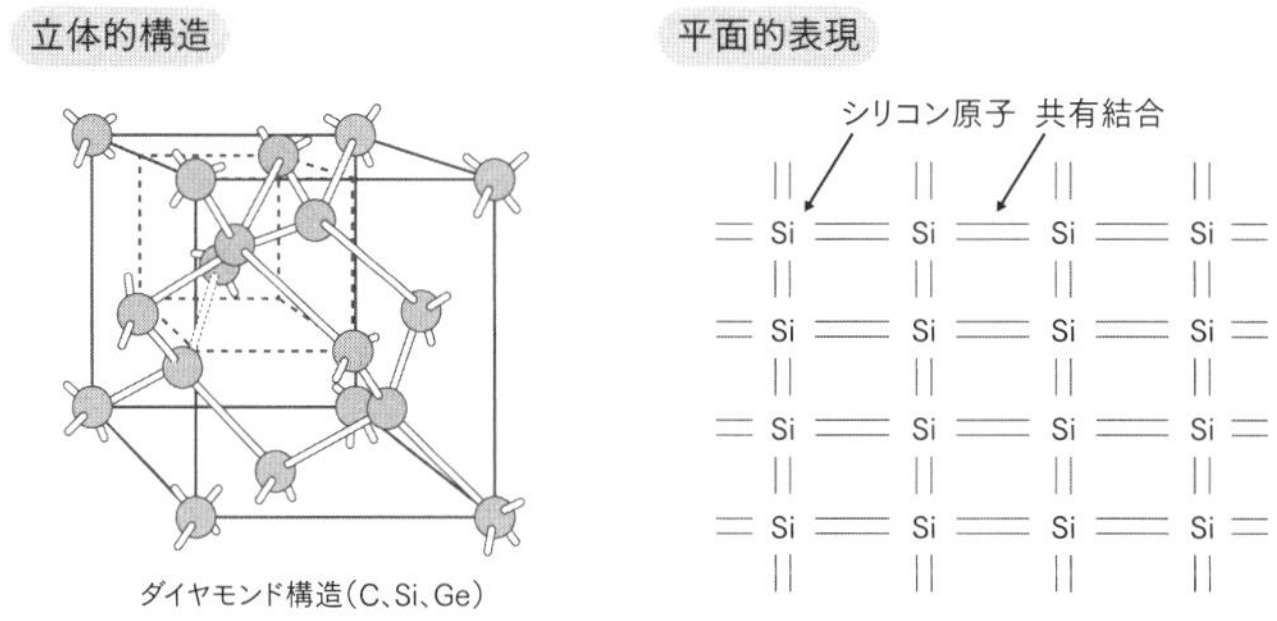

単結晶、多結晶、アモルファスのシリコン

多数のシリコン原子が集まって固体をつくるとき、３種類の状態があります。シリコン原子同士が結合する場合には、隣り合う原子が１個ずつ最外殻電子を出し合って結びつくため、共有結合と呼ばれます。

１個のシリコン原子が周りの４個のシリコン原子と共有結合することで、３次元の規則的な配列からなる**単結晶シリコン**と呼ばれる構造ができます。単結晶の規則的配列は結晶格子、配列の基本単位は単位格子と呼ばれます。

単結晶シリコンは、８個のシリコン原子を含む単位格子をもっていますが、炭素の単結晶であるダイヤモンドやゲルマニウムと同じ構造をもっているので「ダイヤモンド構造」とも呼ばれます。単結晶シリコンは、エネルギーギャップ（Eg）が約1・2eVの真性半導体です。

多結晶シリコンは、結晶粒と呼ばれる内部が単結晶の粒がランダムに多数集まった集合体になっているため、局所的には規則的構造をもっていますが、全域的な規則性はありません。結晶粒が互いに接している部分は「粒界」と呼ばれます。

このように多結晶シリコンは、多数の単結晶粒がランダムに集まってできているため、多結晶（poly＝多い）のシリコンから、略称「ポリシリ」と呼ばれます。

アモルファスシリコン、略称「アモシリ」は、無定形シリコンとか非晶質シリコンとも呼ばれ、規則的な構造がなく全域的に不規則な構造をもっています。シリコンの三つの形態を比べると電気的特性や信頼性の面では、単結晶が一番優れていて、次に多結晶、最後にアモルファスとなりますが、製造コスト的には逆になります。

アモルファスシリコンは、大面積のガラス基板上に比較的低コストで形成できるため、液晶ディスプレイ（ＬＣＤ）や有機ＥＬディスプレイ（ＯＬＥＤ）などに利用されています。

またアモルファスシリコンにレーザー光を照射するなどして５００℃程度で熱処理して作製した多結晶シリコンは、アモルファスシリコンよりコスト高になること、大面積化がむずかしいなどの問題はありますが、優れた電気的特性を生かしてプロジェクションディスプレイ、スマートフォンやモバイル機器の小面積で高性能なディスプレイなどに利用されています。

本書では、主に単結晶シリコンを用いた半導体を取り上げていますので、単結晶シリコンに焦点を当て、その詳しい特性や作製方法を含めて説明していきます。

5-4 不純物半導体のつくり方

■N型シリコン——不純物半導体①

不純物をまったく含まない単結晶シリコンは、比抵抗（ρ）が4×10^3Ω・mの真性半導体**（i型シリコン）**です。このi型シリコンに導電型不純物としてのリン（P）、ヒ素（As）、ボロン（B）などを微量加えると、不純物濃度に応じて比抵抗（電気比抵抗）が大きく変化します。このように導電型不純物を添加した半導体のことを**不純物半導体**と呼んでいます。

例えばi型シリコンの単結晶にリン原子を微量加え、結晶格子のシリコン原子の一部だけをリン原子で置き換えたとします。するとリンは第V族（第5族）の原子で最外殻電子を5個もっているので、リン原子の5本の結合手のうち4本は周りのシリコン原子と共有結合し、自由に動けなくなりますが、余った1本の結合手（電子）は自由に動けるようになる、すなわち「自由電子」となります。

■図5-4-1　リンを加えて「自由電子」を働かせる

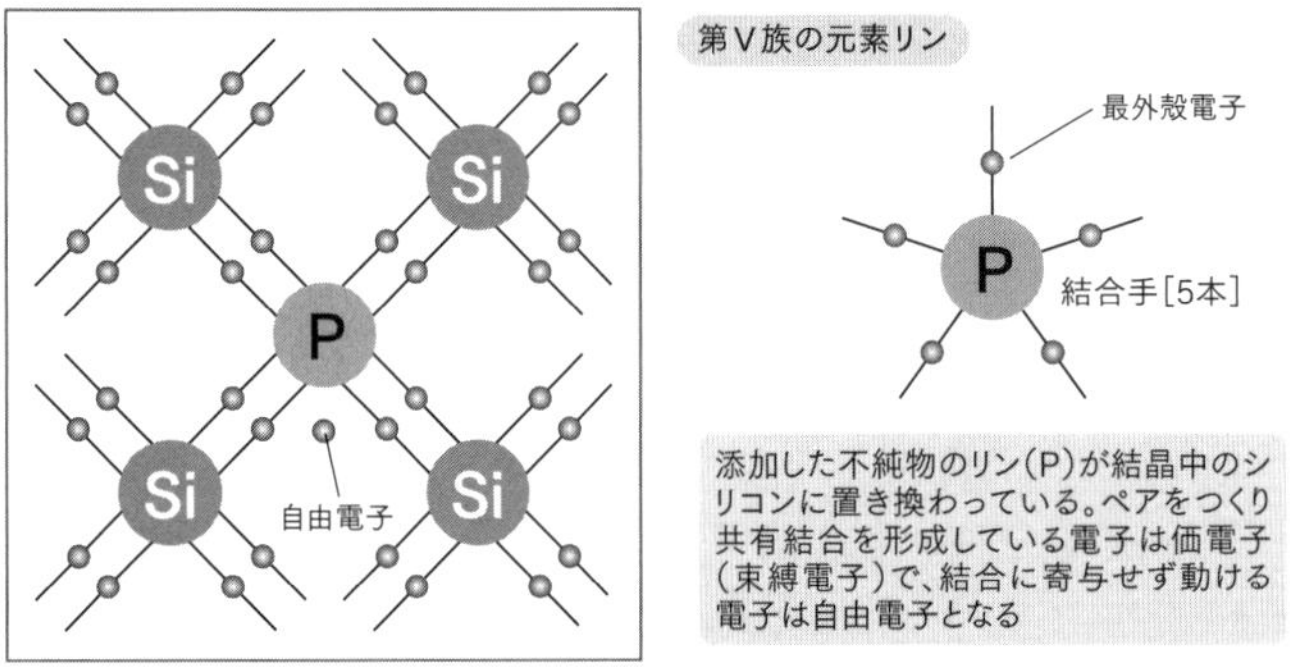

このようにi型の単結晶シリコンにリン原子を微量添加したシリコンは、**N型シリコン**と呼ばれます。N型シリコンでは自由電子が電荷を運びます。電子はマイナス電荷をもっているため、ネガティブ（negative：マイナスの、負の）の頭文字nを取ってN型と呼ばれます。

N型シリコンでは電流の流れる方向は、電子の移動する方向と逆になります。シリコンでは、リンの他に同じ第V族（第5族）のヒ素やアンチモンもN型の導電型不純物としてよく用いられています。

■P型シリコン――不純物半導体②

i型の単結晶シリコンにボロン原子を微量加え、結晶格子のシリコン原子を一部だけボロン原子で置き換えたとします。するとボロン（boron B：ホウ素）は第Ⅲ族（第3族）の原子で、最外殻電子が3個とシリコンより1個少ないため、ボロン原子の周りの4個のシリコン原

■図5-4-2　ボロン（ホウ素）を加えて「正孔」を働かせる

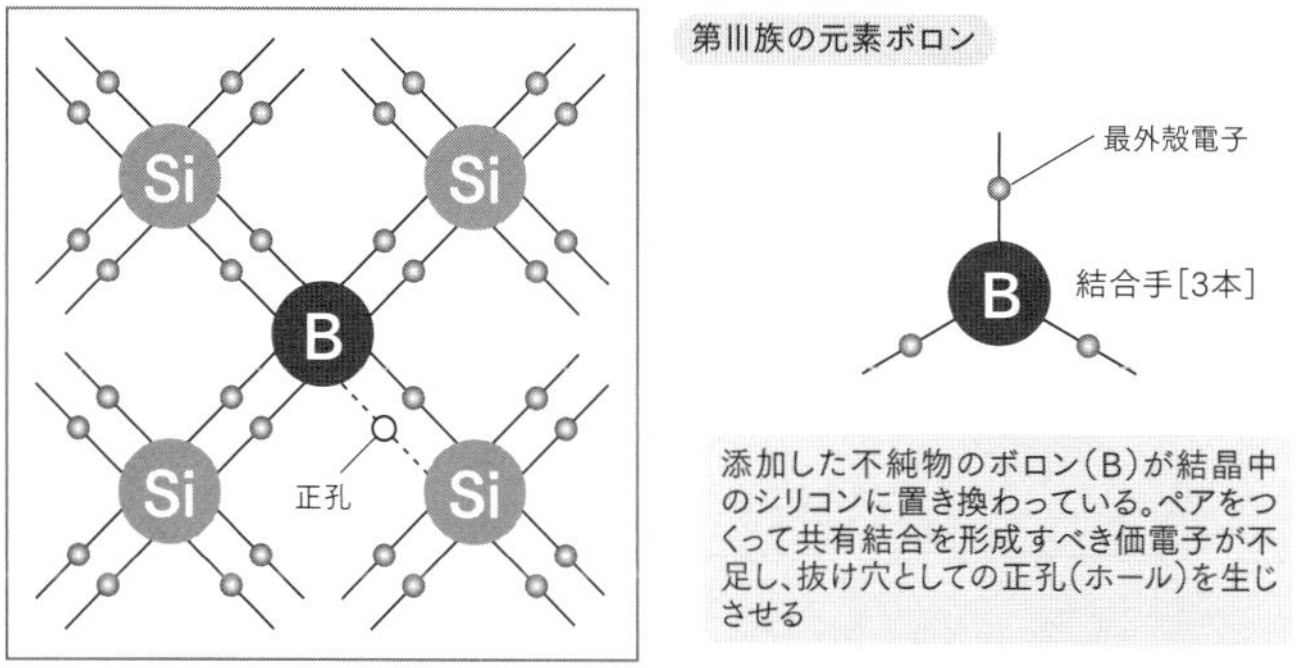

子のうち、3個とは共有結合をつくりますが、1個のシリコン原子とは結合できません。すなわち結合できないシリコン原子の最外殻電子と共有結合をつくるボロン原子の最外殻電子が1個足りない、言い換えれば結合手が1本足りない状態になります。

単結晶シリコン全体は電気的に中性なので、この電子が1個不足した箇所、すなわち電子の抜け孔は、外部からは電子の電荷と同じ大きさで、反対の「プラス電荷をもっているように見える」のです。またこの電子が不足した箇所には、近くにある共有結合をつくっている価電子が容易に飛び込み、その後にまた抜け孔を生じさせます。

したがってこのシリコン単結晶に電圧を加えると、電子の抜け孔を埋めるように価電子が電圧の高い方向へ次々と移動するため、抜け孔に着目すると、それが電圧の低い方向へ移動するように見なせます。

このように電子と符号が逆で、大きさが同じプラスの電荷をもち、加えられた電圧で容易に移動する仮想的な粒子が正孔です。**正孔**は英語でholeなので、「ホール」とも呼ばれます。びっしり埋まった束縛電子（価電子）を水にたとえるなら、正孔はその中に生じた「泡」とでもいえるでしょう。

正孔はプラスの電荷（positive charge）をもっていると見なすことができるので、電流が正孔によって運ばれると見なされるシリコンはpositiveの頭文字「p」を取って**P型シリコン**と呼ばれます。すなわちＰ型シリコンとは、正孔が電流を担う荷体（キャリア）と見なされるシリコンのことです。Ｐ型シリコンでは電流の流れる方向と正孔が移動する方向は一致しています。

ここで正孔（ホール）についてひと言付け加えさせていただきたいことがあります。皆さんはＰＥＴ（ペット：陽電子放出断層撮影）という医療機器の名前を聞いたことがあるかもしれません。ガンの診断などで用いられる核医学検査法の一種です。ＰＥＴで利用されているのは陽電子（Positron：ポジトロン）と呼ばれる粒子で、電子と電荷量の大きさは同じで反対の電荷をもつ他は、電子とまったく同一の性質をもっているため、「電子の反粒子」と呼ばれています。

陽電子は実在する粒子ですが、ここで述べた正孔はあくまでも便宜的に考えられる仮想的粒子であって、陽電子とは似て非なるものです。

これまで単結晶シリコンでi型、N型、P型シリコンの違いを説明してきましたが、多結晶やアモルファスのシリコン、さらに他の半導体材料でも同様の導電型の違いが存在しています。

N型シリコンとP型シリコンの違いをエネルギーバンドから見ると

さて、N型シリコンとP型シリコンについて、その概略を説明しましたが、エネルギーバンド（エネルギー空間）という観点で見ると、N型とP型シリコンの違いはどうなっているのでしょうか。

真性半導体としてのシリコン（i型シリコン）に、微量のリン（P）を添加すると、伝導帯の直下の位置に電子が存在できるエネルギー準位が形成されます。この準位と導伝帯の下端とのエネルギー差、すなわちエネルギーギャップはΔEで表わされますが、リンは44ミリeV、ヒ素（As）は49ミリeVになります。常温の熱エネルギーはこのエネルギーギャップΔEより大きいので、準位中に存在する電子の多くは熱的に励起されて伝導帯に飛び上がり（ジャンプし）、そこで自由電子となります。

このように、i型シリコンに微量添加されたリンやヒ素は、伝導帯に自由電子を与えてi型シリコンをN型シリコンに変えるため、ドナーあるいはドナー型不純物と呼ばれます。

ドナーとはdonor、つまり「与えるモノ」からきています。電子が抜けたリンのエネルギー準位は、抜けた電子の電荷量と同じで逆のプラスに帯電します。

いっぽう、i型シリコンに微量のボロン（B）を添加すると価電子帯の直上の位置に電子が存在できるエネルギー準位が形成されます。この場合のエネルギーギャップΔEは45ミリeVになります。

常温で熱励起された価電子帯中の電子は容易にエネルギーギャップΔEを飛び越えてボロンにより形成されたエネルギー準位に飛び上がり、価電子帯に電子の抜け孔、すなわち正孔（ホール）を生じさせます。

このように、i型シリコンに微量に添加されたボロン（B）は、価電子帯に正孔を生じさせてP型シリコンに変えるため、アクセプターあるいはアクセプター型不純物と呼ばれます。**アクセプター**とはacceptor、つまり「受け取るモノ」からきています。価電子を受け取ったボロンによるエネルギー準位は、抜けた価電子と同じ電荷量のマイナスに帯電します。

以上、単結晶シリコン（i型シリコン）に導電型不純物を添加したときのN型シリコンやP型シリコンについて説明してきましたが、多結晶シリコン、あるいはアモルファスシリコンの場合でも、単結晶シリコンの場合と類似の議論が可能です。

5-5 単結晶シリコンウエハーのつくり方

■珪石を還元してシリコンを精製・高純度化する

シリコン（Si）は、通常は酸素と強く結び付いて**珪石**（ケイ石：二酸化シリコンSiO_2）の形で存在しています。珪石からシリコンだけを分離するには、アーク電気炉で珪石を溶かし、これを炭素やグラファイトで還元して（酸素を分離）、98％ほどの純度をもった**金属シリコン**をつくります（次ページ図5－5－1の右図）。

この還元工程で多量の電気を使うため、シリコンはアルミニウムと同様に「電気の缶詰」と呼ばれることもあります。

次に金属シリコンを細かい粒に砕いて粉末状にし、塩酸に溶かしてトリクロロシランをつくり、これをさらに蒸留・精製して高純度化します（図5－5－1左図）。トリクロロシランから多結晶シリコンをつくる方法はいくつかありますが、代表的なのは「**熱分解法**」と呼ばれる

■図5-5-1　還元で純度98％の金属シリコンをつくり（右）、
トリクロロシランをさらに高純度化する（左）

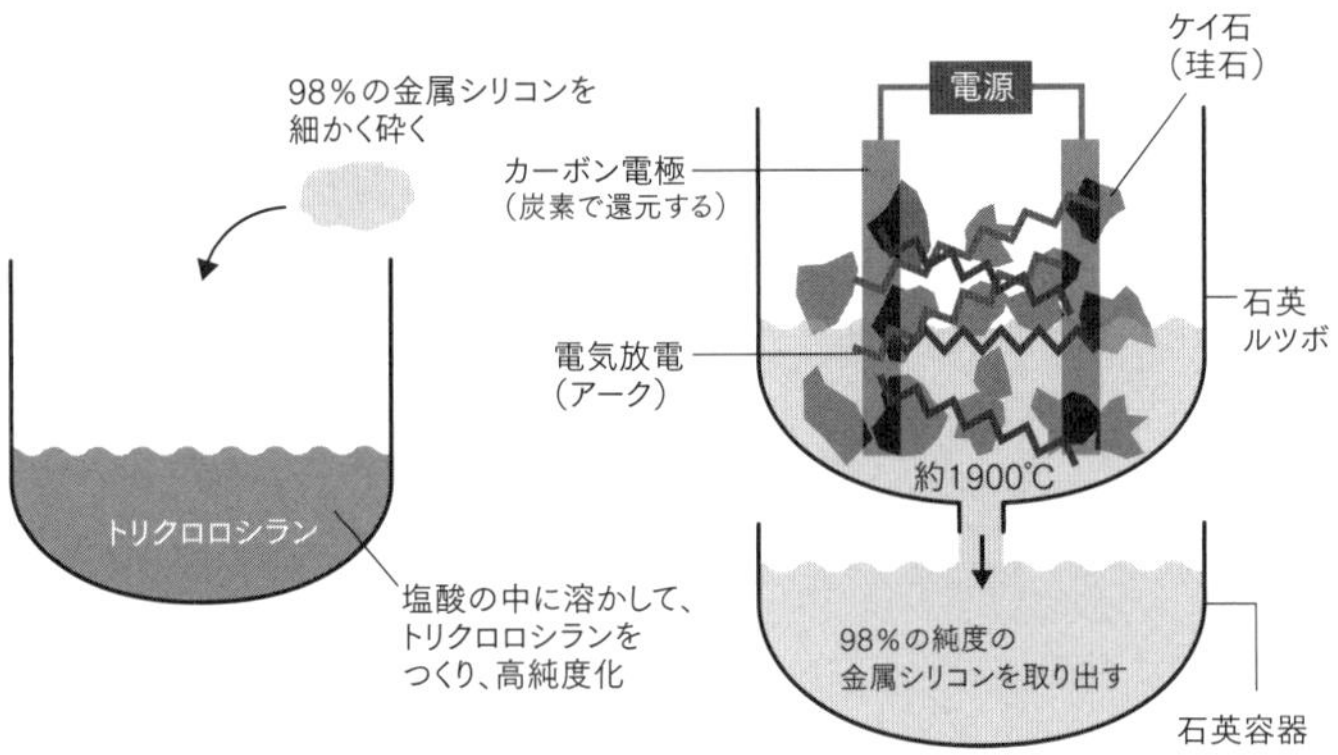

ものです。

熱分解法では、図5－5－2のように高純度に精製されたトリクロロシランガスと高純度の水素を化学反応容器内に入れ、通電によって加熱されたシリコン線芯を包むように棒状の**多結晶シリコン**を気相反応で成長させます。

多結晶シリコンは、小さな単結晶シリコンの粒がランダムに多数集まったものですが、この工程で精製された多結晶シリコンは、イレブンナイン（11N）すなわち99.999999999％と9が11個も並ぶほど高純度化されています。

■シリコン単結晶を引き上げる

シリコン単結晶の最も一般的な製造方法は**チョクラルスキー法**（CZ法）です。CZ法では超高純度の多結晶シリコンを粗く砕いてナゲット状に

■図5-5-2　熱分解法で純度イレブンナインの多結晶シリコンをつくる

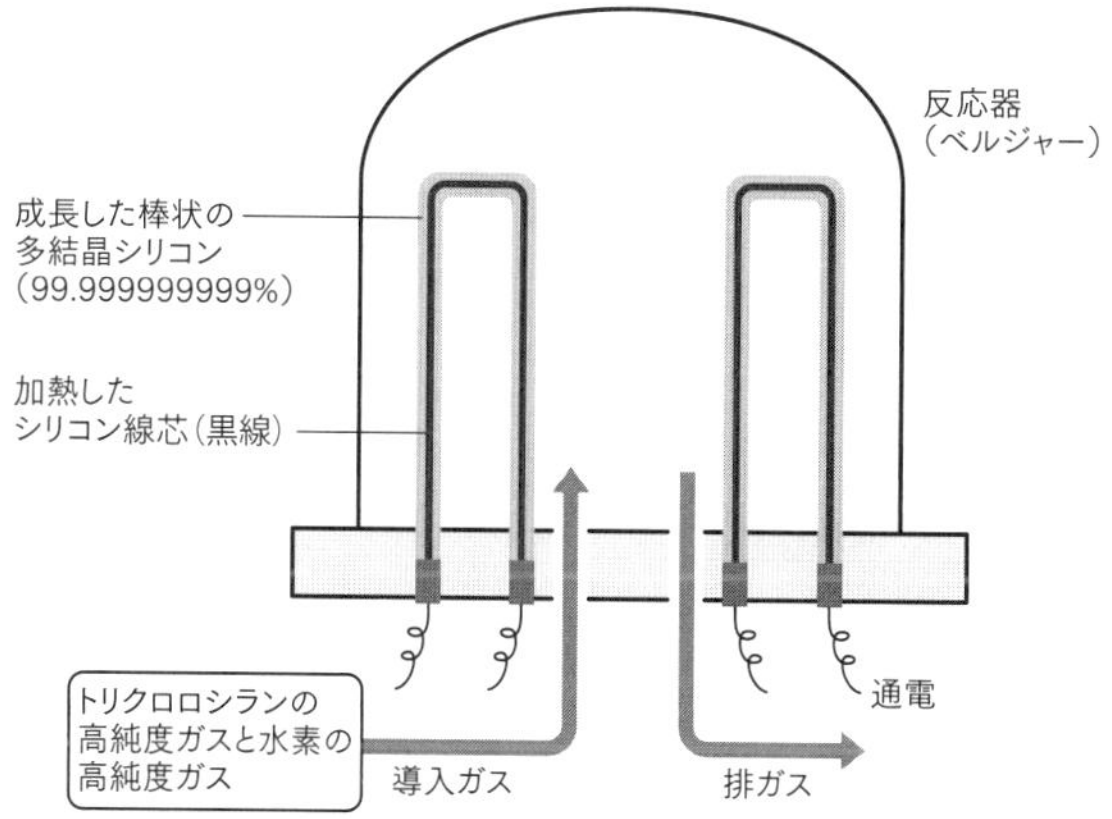

し、洗浄した後に石英製のルツボに入れ、カーボンヒーターの加熱炉で溶かし、シリコンの融液にします（次ページ図5－5－3の左）。

　このとき、ルツボ内に微量の導電型不純物（添加剤、ドープ剤）を必要量だけ加えておきます。N型シリコンにするにはリンやアンチモンを添加し、P型シリコンにするにはボロン（ホウ素）を添加します。

　続いて石英ルツボをゆっくり回転させながら、ピアノ線で吊るしたシード（種）と呼ばれるシリコン単結晶の小片（種結晶）をシリコン融液面に接触させます（図5－5－3の右）。そして種結晶をルツボの回転と反対方向にゆっくり回転させながら、ピアノ線を巻き上げて徐々に引き上げていきます。すると引き上げられた融液部分が固化するときに種結晶に倣った構造をもった単結晶が

■図5-5-3　シリコン融液をつくり（左）、その融液から種結晶で引き上げる（右）

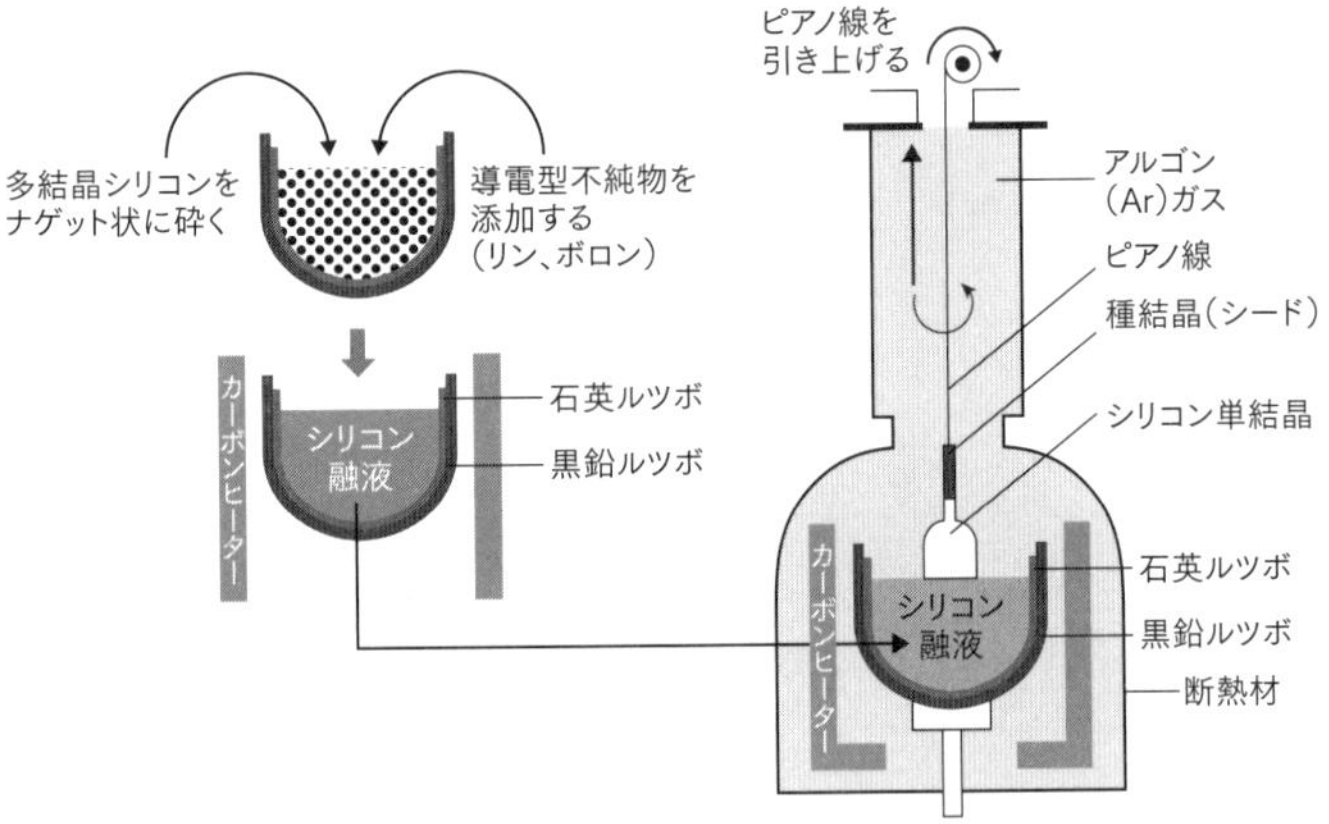

成長していきます。

CZ法によるシリコン単結晶の引き上げには、内部に不活性なアルゴンガスを充填した引き上げ炉が用いられます。ピアノ線を巻き上げて引き上げが完了すると、ほぼ全体が完全単結晶化したシリコンのインゴットが得られます。

ところでシリコン単結晶に含まれる微量な酸素は、半導体の電気的特性に大きな影響を及ぼすため適切な含有量を厳密に制御しなければなりません。このため、石英ルツボからシリコン融液に溶け出す酸素を抑えるため、超電導磁石によって融液に磁場をかけ、融液の対流を制御する**MCZ法**（Magnetic CZ）が一般化しています。

シリコンウエハーを加工する

引き上げられたシリコンの**単結晶インゴット**（塊）は、12インチ（直径３００ミリ）結晶で、長さが１・８メートル、重さが３５０キログラムにもなります。このインゴットはまず、上端部と下端部を切断除去され、残った円柱状の本体ブロックだけ取り出されます。

■図5-5-4　インゴットの不要部分はカット、外周研磨の後はノッチを入れる

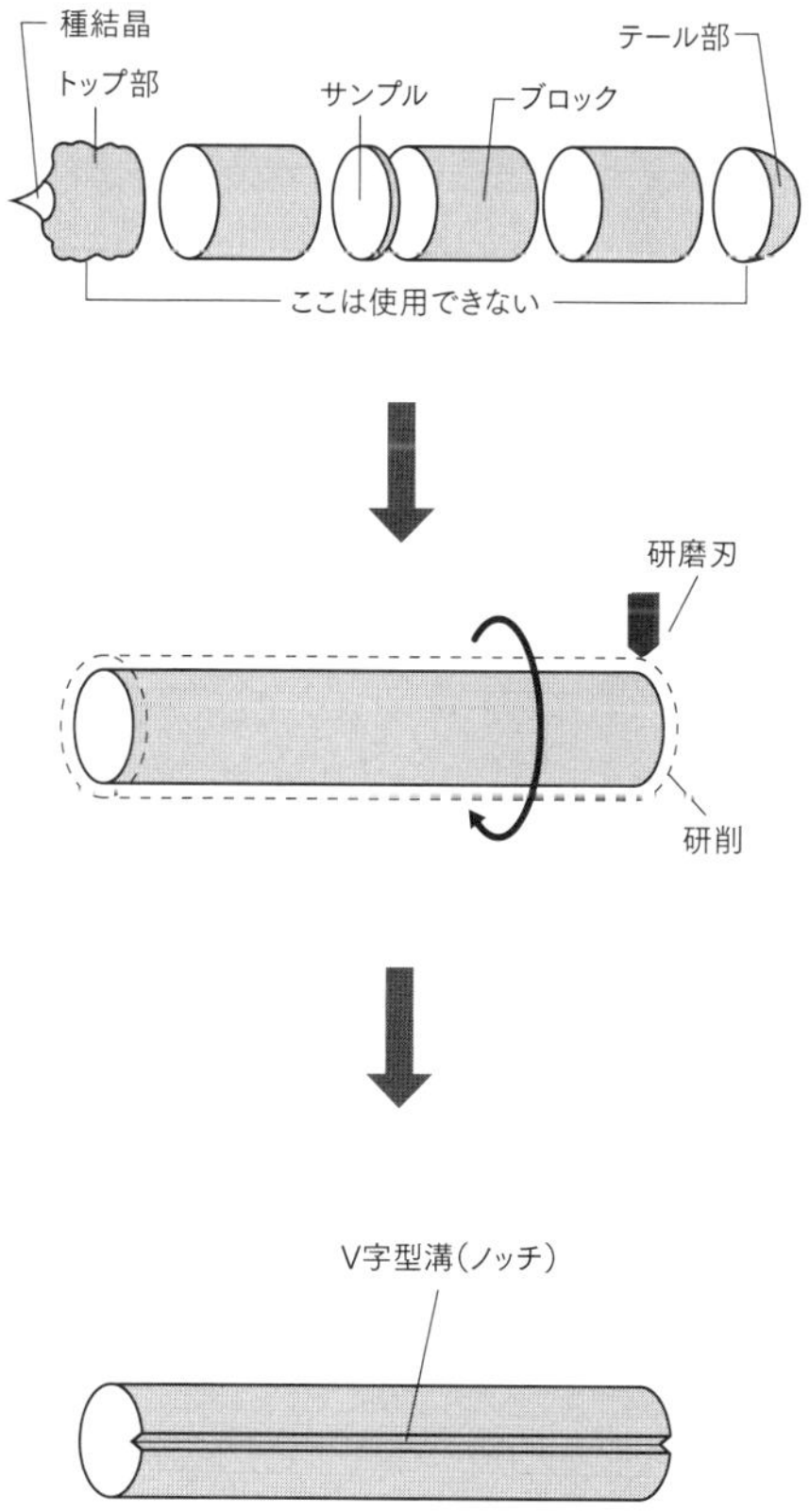

■図5-5-5　インゴットをスライスしてウエハーを1枚ずつ切り出す

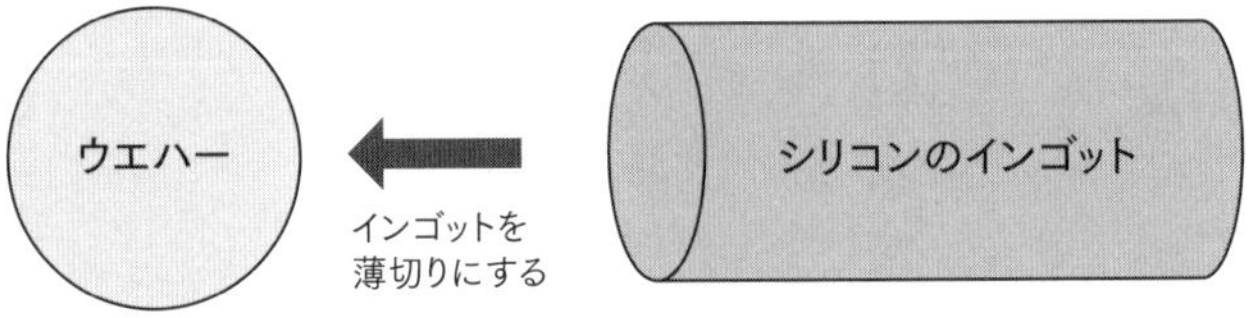

次にインゴットは所定の直径になるよう**外周研削**されます。このため結晶の引き上げ時には、この研削除去される部分を考慮して、少し大きめの直径をもったインゴットを成長させなければなりません。直径の大きさの調整は引き上げ速度の制御などで行なわれます。

研削が終わったインゴットは、結晶面方位を表示するための**マーク（ノッチ）**が入れられます。このノッチは、各シリコンウエハーの結晶面方位を揃えるためのものですが、同時に製造装置へのロード・アンロード（設置・取り出し）にも利用されます。

次にインゴットは接着剤で支持台に貼り付けられ、砥粒液《とりゅうえき》を流しながら高速に走らせた多数のピアノ線（ワイヤーソー）により、同時に1枚1枚のウエハーに**スライシング**（輪切り）されます。スライシングが終わると接着剤を薬液で溶かしてインゴットは支持台から離され、1枚1枚のウエハーに分離されます。

分離後のウエハーは**ベベリング**、つまり「面取り」と呼ばれる工程で側面部分が放物線状になるように加工されます。なぜそうするかというと、半導体の製造工程でウエハーをハンドリングする際に側面部が欠けたり、シリコンの屑が出たり、熱処理による歪みなどで結晶欠陥が入ったりするのを極力避けたいためです。

面取りされたウエハーは、表面を滑らかにするために研磨液を使って機械的研磨（ラッピング）がされます。さらに側面部も磨いた後、ウエハーをターンテーブルに載せ、表面を化学的・機械的に研磨し（**ポリシング**）、ピカピカの鏡面状態にします。最新の半導体用のウエハーでは、厚さの均一性と平坦性を上げるため、両面ポリシング（両面研磨）されたウエハーが一般的です（４－５では、われわれが手作業で研磨した苦労話を思い出してください）。

その後、ウエハーは各種の検査を受け、最終的に洗浄され、特殊なケースに収められて出荷されます。このようにしてつくられた３００ミリのシリコンウエハーは、9が13個も並ぶ（13N）驚異の純度をもっています。

この純度は10兆個のシリコン原子の集合体の中に不純物原子が1個程度しか入っていないということになります。

もう一つ驚くべきことは、その平坦度です。これはウエハーを東京ドームの大きさまで拡大したとき、ウエハー表面の凹凸が0・1ミリ程度という驚異的な平坦度になるのです。

半導体技術の純度、平坦さなどの技術発展を見るたびに、その業界に籍を置いたものとしても、ただ驚くばかりです。

5-6 歩留まり向上と大口径化

■メモリ用のプライムウエハー、CPU用のエピタキシャルウエハー

ウエハーにも、そのつくり方や構造などによって呼び方がいくつかありますので、それを少し紹介しておきましょう。

まず、前節で述べたように平坦性が高められ、パーティクル（ゴミ）の除去などが行なわれた、「いよいよＩＣチップを製造する」というレベルのシリコンウエハーのことを**プライムウエハー**と呼ぶことがあります。メモリなどの用途に使われるウエハーです。

これに対し、**エピタキシャルウエハー**と呼ばれるウエハーがあります。これはプライムウエハーよりもさらに結晶性の高い表面部分をもったウエハーのことで、ロジック（ＣＰＵなど）製造の用途で使われます。

エピタキシャルウエハーは、プライムウエハーをエピタキシャル炉と呼ばれる炉の中で１２

００℃程度に加熱し、四塩化シリコン、トリクロロシランなどのガスを水素ガスとともに流し、プライムウエハー表面上にシリコン単結晶膜を気相成長（ＣＶＤ）させます。これをエピタキシャル成長と呼びます。

こうしてできたエピタキシャルウエハーは結晶の完全性がさらに高い超高品質のウエハーです。メモリなどの半導体をつくる場合であれば、ウエハー表面近傍に多少の欠陥（とはいってもごく少ない数ですが）があったとしても、**リダンダンシー**（冗長）という手法によって救済が可能です。

しかし、ＣＰＵのようなロジックＩＣではリダンダンシーの手法は使えないため、わずかなウエハーの欠陥がチップの歩留まり（コストに影響）や信頼性面で大きな問題になります。

このため、主にマイクロプロセッサ（ＭＰＵ：ＣＰＵの一種）をつくってきた**インテル**では、初期の段階からプライムウエハーに比べてもコストの嵩む「エピタキシャルウエハー」を使ってきたわけです。

■2枚を貼り合わせる「SOIウエハー」

もう一つ、**SOIウエハー**（Silicon On Insulator wafer）と呼ばれるウエハーもあります。

これはその名の通り、「絶縁体の上にシリコン単結晶膜を形成したウエハー」のことです。

支持基板としてのプライムウエハーと、素子を形成する活性シリコン基板の片方または両方に所定の厚さの二酸化シリコン膜を形成し、2枚を温度と圧力をかけて貼り合わせ、その後に活性基板を所要の厚さに研削し研磨します。

ＳＯＩウエハーは、半導体の高集積化、高性能化、高信頼性化などで数多くの利点をもったため、最先端の半導体に広く採用されています。

ところで、「2枚を貼り合わせる」といいましたが、そんなにきれいに貼り合わせられるものかと疑問をもつのではないでしょうか。筆者が初めてＳＯＩ貼り合わせ工程を見学したとき、大学時代のある経験を思い出したものです。それは教授が、端面がピカピカに磨かれた2本の金属棒をもってきて、フッと息を吹きかけてから2本の金属の端部同士を合わせると、あら不思議、ピッタリとくっ付いて2本の金属棒は離れなくなったではありませんか。

これは「表面が非常に平坦なもの同士を合わせると、分子間力によって強固な結合をつくって離れなくなる」という現象ですが、そのことを筆者は身をもって知らされた瞬間でした。

それにしても口径が３００ミリもある2枚のシリコンウエハーがピッタリくっ付いて1枚のウエハーのように扱えることには、今でも感心せざるを得ません。

シリコンウエハーの大口径化

シリコンウエハー上に半導体（チップ）を作製する場合、同じサイズのチップだとすればウエハーの大きさによって1枚のウエハーにつくり込めるチップ数は変わってきます。もちろん、ウエハーを大きくすることでのコスト上昇（新たな製造装置の開発・導入など）もありますが、ウエハーの口径を大きくするほど搭載できるチップ数が増え、「1個当たりのコスト」を低減できるメリットが生じます。

例えばウエハーの口径が１・５倍になれば面積は単純に2倍以上（1.5×1.5=2.25倍）になり、周辺効果（周辺の使えない面積の減少）を考えると約２・５倍にチップ数が増えます。

過去のシリコンウエハー大口径化の推移を見ると（次ページ図５－６－１）、１９７６年頃から量産が始まった4インチ（１００ミリ）ウエハーはその後５インチ、６インチ、８インチを経て１９９６年頃から現在主流の**12インチ（３００ミリ）**になっています。この際、８インチから12インチに変更することで、チップ製造コストが30～35％低減されました。

そこで、３００ミリの次の口径としては**18インチ**（４５０ミリ）が候補としてあげられ、ウエハーそのものの技術検討はある程度進んだのですが、未だにそれを使った製造装置開発を含む半導体製造ラインは世界中のどこでも使われていません。なぜなのでしょうか。

その理由は、開発と量産化に掛かる膨大な費用、そしてチップコストの低減効果がはっきりしないためです。このため４５０ミリ口径の時代が来るかどうかははっきりしません。

次の図5－6－2を見てもわかるように、チップコスト低減とウエハーの大口径化の関係から考えると、筆者の個人的見解としては、現在の300ミリ（12インチ）が一番効率的と考えられますので、ここで止まるのではないかと感じています。

■図5-6-1
ウエハーの口径は12インチが最適サイズ

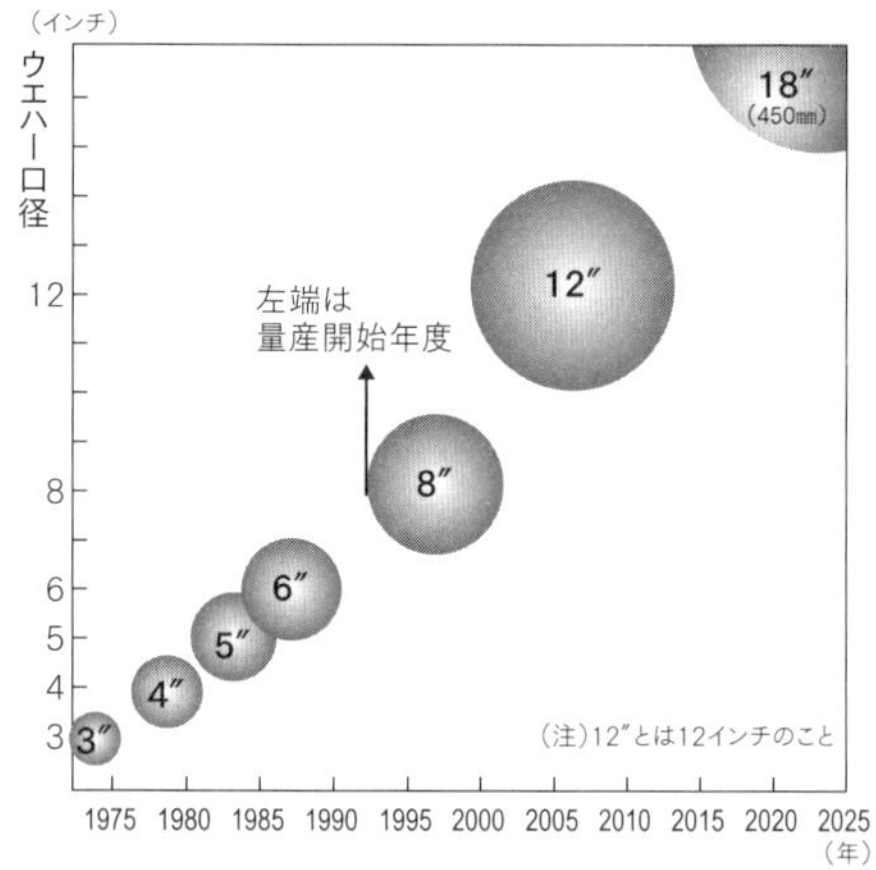

ウエハー口径はインチ（＝2.54㎝）またはミリメートル（㎜）単位で呼ばれる。
シリコンウエハーは世代ごとに1.5倍のペースで大口径化されてきた。

■図5-6-2
シリコンウエハーの大口径化と推移

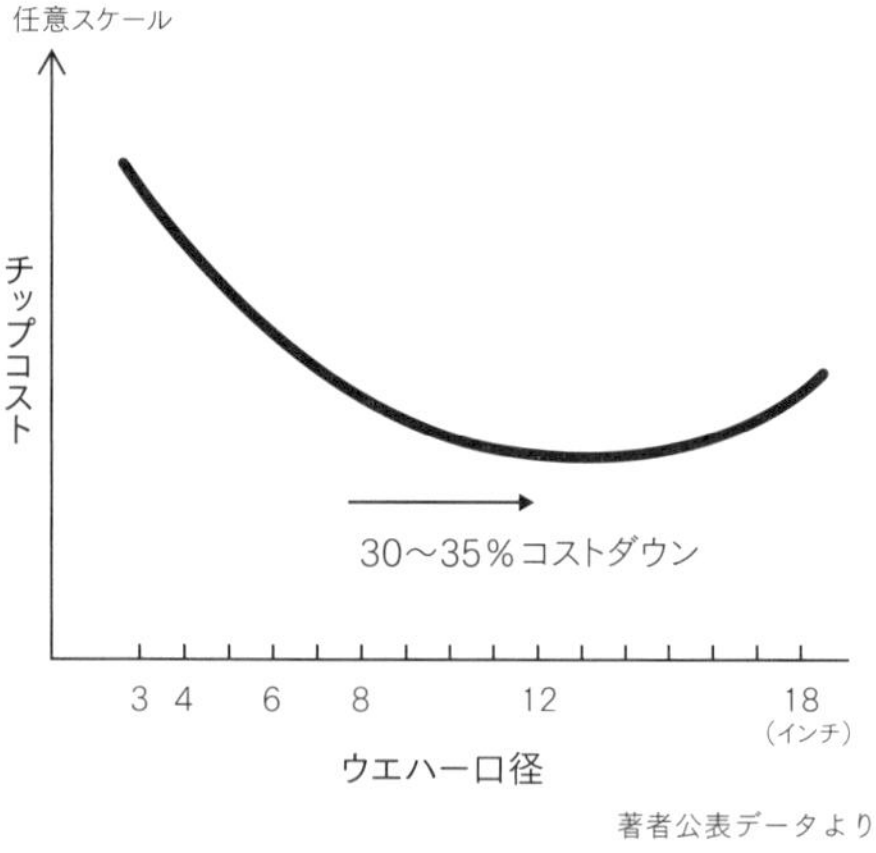

著者公表データより

コラム

シリコンの主要生産国とその理由

シリコンウエハーの世界シェアを見ると、トップの**信越化学工業**と2位の**SUMCO**（サムコ）はいずれも日本メーカーで、この2社でシェアの過半数を占めています。

シリコンの原材料である珪石（ケイ石）がその辺にも転がっているありふれた石であることを考えると、珪石から最終的なシリコンウエハーに加工するまでの、中間材料である金属シリコンや多結晶シリコンも、これらメーカーが国内自社でつくっていてもよい気がします。しかしそれらの中間材料は輸入に頼っています。なぜでしょうか。

その主な理由は本文でも少し触れたように、珪石からシリコンを還元し精製する過程で、「大量の電力」を必要とするためです。このため、シリコンはアルミニウムと並んで「**電気の缶詰**」と呼ばれるほどで、日本のように電力料金の高い国では金属シリコンや多結晶シリコンを生産することはコスト的に合わないのです。このため、金属シリコンの生産国としては、現在、高純度の石英鉱石が豊富に採れること、さらに電気代の安い国ということで、ノルウェー、ブラジル、中国、アメリカなどとなっています。

半導体用の高純度多結晶シリコンも同じような事情にありますが、その中でもトクヤマや高純度シリコンなどの日本のメーカーも善戦しています。

シリコンウエハーメーカーの信越化学工業やSUMCOは、購入した多結晶シリコンを用いて単結晶シリコンの引き上げからウエハー加工までの工程を行ない、半導体メーカーに提供しているのです。

第6章

電子回路を構成する「半導体素子」とはどのようなものか？

6-1 電子回路と電気回路、何がどう違う？

■そもそも「回路」とは何？

回路（circuit：サーキット）は、その漢字が示す通り、「ぐるりと回ってもとに戻ってくる路《みち》」のことです。レーシングカーがレースで走る路もサーキットと呼ばれるように、その路（回路）を流れる（動く）モノによって、さまざまな回路があります。

では、よく聞く「**電子回路**」と「**電気回路**」は何がどう違うのでしょうか。かなり素朴な疑問ですが、なかなか答えられる人はいません。

ここでそれらしく、電子回路には「電子」が流れ、電気回路には「電気」が流れている……と答えたとしても、「何か変ではないか？」と感じる人が多いでしょう。なぜなら電気のモトはそもそも「電子」だから、「電気の流れは電子の流れと同じ」だからです。

■図6-1-1　電気回路と電子回路の違い

	電気回路	電子回路
何を扱うか	エネルギー（電気エネルギー）	情報（電気信号）
電圧の大きさ	大きい	小さい
素子の違い	受動素子	受動素子と能動素子
電気の種類	直流、交流	直流
名称の違い（傾向）	コンデンサ（容量）	キャパシタ（容量）

■エネルギーを扱う電気回路、情報（信号）を扱う電子回路

これらの違いは、次のように考えてよいでしょう。すなわち、電気回路はどちらかといえば「電気エネルギー」を扱うためのもの、電子回路のほうは「情報（電気信号）」を扱うものという区分けです。このため、電気回路は電子回路に比べてより高い電圧が用いられ、回路に流れる電流も大きくなります。

また電気回路は「抵抗」「容量」「インダクタ（コイル）」などの**受動素子**を使って構成されるのに対し、電子回路にはこれら受動素子に加えて、「ダイオード」「トランジスタ」などの**能動素子**も含まれます。

さらに、電気回路では直流と交流が使われますが、電子回路では直流だけが使われる違いもあります。もう一つ、電子回路で扱う信号にはデジタル信号とアナログ信号の違いがあります。

以下では、電子回路で用いられる代表的な半導体素子について説明します。

6-2 受動素子「抵抗、容量」とはどのようなものか

■抵抗——電気を流させないもの

抵抗（resistance：レジスタンス）とは本来は「何かに逆らう、阻止しようとする性質」のことを示す言葉ですが、ここでは電気の流れ（電流）を流させまいとする意味で、正確には抵抗と略さず、「電気抵抗」と呼ぶべきものでしょう。

また英語のresistor（レジスタ）は、性質としてのレジスタンスに対する言葉なので、本来は日本語で「抵抗器」あるいは「抵抗素子」と呼ぶべきものですが、慣例として「抵抗」という呼び名で済ませているケースがほとんどです。

電子回路における抵抗の役割には、電流を制限すること、電圧を分割すること（分圧）、ノイズを減らすことなどがあります。また、抵抗は後で述べる「容量」とペアになって電子回路内で電気信号が伝わる速さを遅らせます。この遅れは一般に「**RC遅延**」と呼ばれます。

半導体素子としての抵抗の代表例は、シリコン半導体におけるP型またはN型の短冊型の領域（P型領域、N型領域）で、抵抗値はその形状と不純物濃度によって決まります。

半導体では、その構造やプロセスによって、しばしば意図せぬ好ましくない抵抗が形成されることがありますが、このような抵抗は「寄生抵抗」と呼ばれ、回路動作を損なう要因の一つとなります。

■容量――電荷を溜めるもの（コンデンサとキャパシタ）

容量（キャパシタンス）とは、本来は「ある容器が収納できる物理量」を意味しますが、ここでいう物理量とは**電荷**《でんか》（charge：チャージ）のことです。したがって、正確には抵抗が電気抵抗であったように、容量は「電気容量」と呼ぶべきかもしれません。

容量は「電荷を溜める（蓄積する）」という性質とは別に、そのような性質をもったモノも容量と呼ばれます。また、容量素子は英語でcapacitor（キャパシタ）と呼ばれますが、日本語ではこれも「容量」と呼ばれています。

実は、キャパシタに相当する容量には「コンデンサ」（condenser）という名称もありますが、使い分けとしては、電子回路では**キャパシタ**、電気回路では**コンデンサ**と呼ばれることが多いように感じます。

■「寄生容量」とは意図しない困った容量のこと

半導体素子としての容量には2種類あります。まず、2枚の導体で絶縁体をサンドイッチにした**絶縁容量**と、ＰＮ接合からなる**ＰＮ接合容量**です。

例えば、メモリのＤＲＡＭで電荷を記憶保持するための容量は絶縁容量です。絶縁容量は、サンドイッチする2枚の電極の面積が大きいほど、あるいは絶縁体の厚さが薄いほど、そして絶縁体の誘電率が高いほど、その容量は大きくなります。

またＰＮ接合では、Ｐ型とＮ型の不純物濃度が高いほど、ＰＮ接合の面積が大きいほど、その容量は大きくなります。

容量にも意図しない好ましくない容量があり、「寄生容量」と呼ばれます。

6-3 能動素子「ダイオード」とはどのようなものか

ダイオード（diode）とは、陽極（anode：アノード）と陰極（cathode：カソード）、つまり「二つ（di：ダイ）の電極」をもった2端子の能動素子という意味です。

ダイオードにはさまざまな種類（機能）をもったモノがありますが、代表的なダイオードのいくつかを例に取って以下に説明します。

■PN接合ダイオード

半導体内のP型領域とN型領域をつなぎ合わせた素子のことを**PN接合ダイオード**と呼び、P型領域はアノード（陽極）、N型領域はカソード（陰極）と呼ばれます。

このダイオードで、例えばカソードを接地し、アノードにプラスの電圧を加えていくと、すぐに（〜0・4V）PN接合間に流れる電流が立ち上がり、その後どんどん増えていきます。

このような電圧のかけ方は「**順方向**」と呼ばれ、そのときの電圧は順方向電圧、流れる電流は順方向電流と呼ばれます。

逆に、N型領域を接地し、P型領域にマイナスの電圧を加えてもPN接合間に電流は流れません。しかしマイナス電圧の絶対値をどんどん上げていくと、ある電圧で急激に大電流が流れ始めます。この現象はブレークダウン（降伏）、そのときの電圧はブレークダウン電圧、電流はブレークダウン電流と呼ばれ、このような電圧のかけ方は「**逆方向**」といわれます。

■図6-3-1　PN接合ダイオード

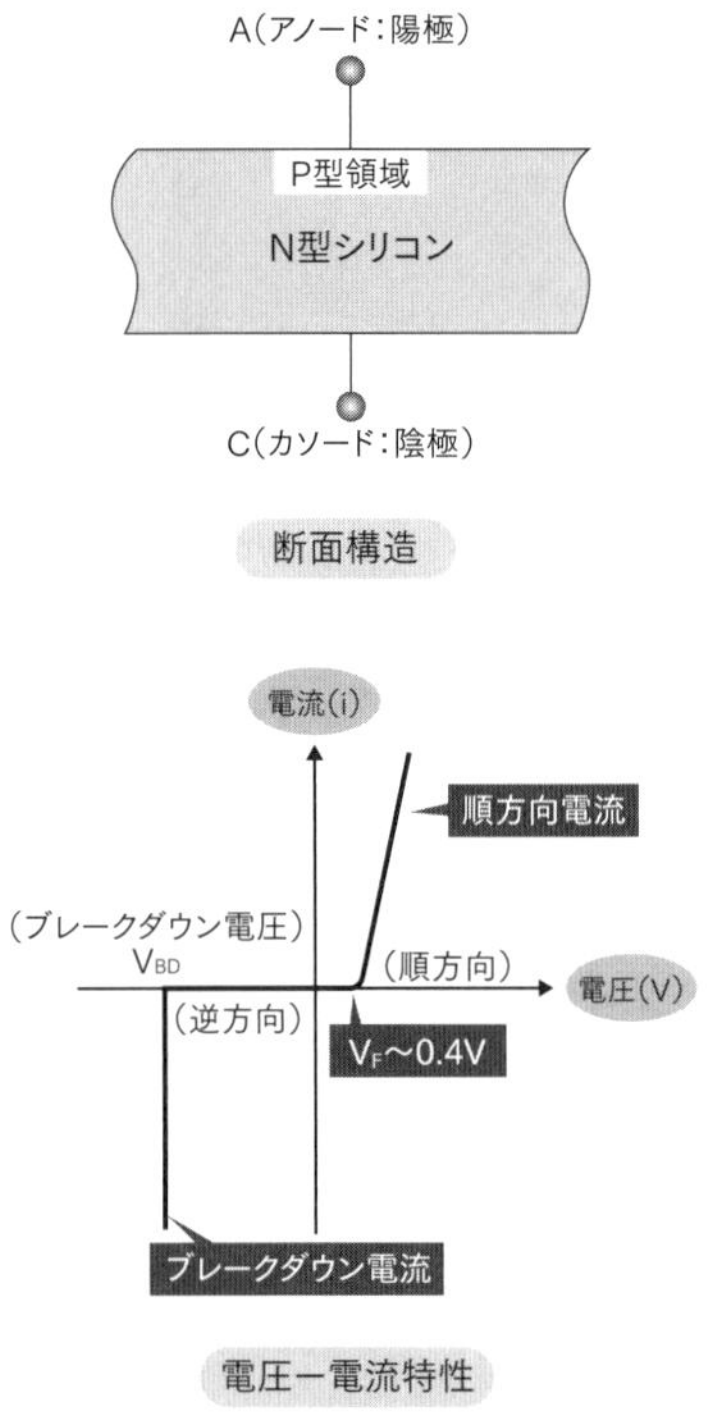

このようにPN接合ダイオードは、陽極と陰極の間にかける電圧の方向によって、電流が流れたり（順方向）、流れなかったり（逆方向）する作用、すなわち**整流作用**を示します。このようにPN接合ダイオードは整流器として利用されることもあって、**整流ダイオード**とも呼ばれます。

PN接合ダイオードは、逆方向電圧に対し、PN接合面の近傍ではキャリア（動ける電子と正孔）が追い払われた領域（空乏層）ができるため容量（キャパシタンス）を形成します。これはＰＮ接合容量と呼ばれます。

　またＰＮ接合では、逆方向電圧に対し電流が流れない、すなわち絶縁物のように振る舞うので、素子の各部を電気的に分離する働きをもっていて**ＰＮ接合分離**と呼ばれます。さらにＰＮ接合で大電流が流れるブレークダウン現象を利用して定電圧を発生させる素子としても使われています。

■フォトダイオード――光信号を電気信号に変換

フォトダイオードは「光信号を電気信号に変換する」働きをもったダイオードです。似たような半導体素子に太陽電池がありますが、こちらは「光エネルギーを電気エネルギーに変換する」のに対し、フォトダイオードは光信号を電気信号に変換する点が違っています。

　フォトダイオードにもさまざまな種類があります。一般的なのは半導体のＰＮ接合からなる光起電力型のダイオードで**ＰＮフォトダイオード**と呼ばれます。

　ＰＮフォトダイオードでは、ＰＮ接合近傍に自由に動ける電子も正孔も存在しない空乏層が発生します。ＰＮフォトダイオードに光を当てると空乏層内に電子と正孔のペアが発生し、アノードとカソード間が負荷を介して接続される、すなわち閉回路が形成されると、空乏層内の自己電界により、発生した電子はN型領域へ、正孔はP型領域へと移動します。このため、回路に電流が流れ、光を当てている間だけ電流が流れ続けます。

ＰＮフォトダイオードは、イメージセンサー、光通信における光信号検出、光量の計測などに利用されています。

発光ダイオード（ＬＥＤ）——電気信号を光信号に変換

ノーベル賞を受賞した中村修二氏らの青色ＬＥＤで知られるのが**発光ダイオード**（**ＬＥＤ**：Light Emitting Diode）で、これもダイオードの一つです。発光ダイオードはフォトダイオードとは逆に、「電気信号を光信号に変換する」半導体素子です。

半導体のＰＮ接合に順方向電圧を加えると（すなわち陽極側をプラス、陰極側をマイナス）陽極側から正孔がP型領域に、陰極側から電子がN型領域に注入されます。そして、それらがドリフト（移動）してＰＮ接合界面に達すると、そこで再結合し、エネルギーを可視光として放出します。

放出光の波長は、半導体のエネルギーギャップ（禁制帯の幅）によって決まるため、ＬＥＤが放出する光の波長（目に見える色）は、半導体の種類や添加する不純物の種類によって決まります。半導体材料としては、化合物半導体が用いられますが、これは放出される光の波長（色）

が人間の眼の可視光に相当するためです。

シリコンはエネルギーギャップが１・２eVなので、可視光を出せないためＬＥＤには利用できません。ＬＥＤは照明、クルマのヘッドライト、屋外の大画面ディスプレイ、液晶ディスプレイなどのバックライト、信号機、通信用媒体などに多用されています。

光の三原色といえば「赤（Ｒ）、緑（Ｇ）、青（Ｂ）」で、その内、最後に発明された青色ＬＥＤ材料としての、窒化ガリウムの発明に関する業務発明の権利帰属（会社に属するか、個人に属するか）を巡って中村修二氏と日亜化学（徳島県）の間で繰り広げられた訴訟を覚えている方もおられるかもしれません。

■レーザーダイオード

レーザーは、高エネルギーの単色光で、位相の揃った指向性の強い光です。レーザー光を発する装置にも、混合ガスなどを利用した気体レーザー、ルビーなどの固体材料を用いた固体レーザーなどがありますが、ここでは化合物半導体を用いた半導体レーザーである**レーザーダイオード**（ＬＤ）について説明します。

レーザーダイオードは、活性層と呼ばれる半導体層を、Ｐ型とＮ型の半導体層（クラッド層と呼ばれる）でサンドイッチにした構造をもっています。このような構造をダブルヘテロ接合

（2重の異種材料接合）と呼んでいます。

このレーザーダイオードに順方向電圧を加えると、Ｐ型層から正孔が、Ｎ型層から電子が活性層に注入され、屈折率の関係で活性層中に閉じ込められます。活性層中で正孔と電子は再結合し光を発します。

一度、再結合が起きると、発生した光は新たに正孔と電子のペアを生じさせ、それがまた再結合して光を発するという現象が生じます。これを**誘導放出**と呼んでいます。この誘導放出された光は位相が揃った光になります。活性層内に閉じ込められた位相の揃った単色光は、レーザーの両端部に設けられた半透過鏡としての劈開面《へきかいめん》で反射を繰り返すうち、しだいに強度が上がり、ある点を超えると外部に放出されます。これが半導体レーザー光です。

レーザーダイオードは、レーザーポインター、レーザープリンター、ＣＤなどのピックアップ、光ファイバーを用いた通信機器などに広く用いられています。

6-4 活性素子「トランジスタ」とは

ひと口に「**トランジスタ**」といっても、その構造や使っている材料、あるいは動作原理などで何種類ものタイプが存在します。

先に述べたようにトランジスタは20世紀最大の発明と称せられ、現代社会を根底で支えていますが、ここでは代表的ないくつかのトランジスタを取り上げ、また筆者の印象に残っていることなども含めて説明します。

■ＭＯＳトランジスタ

ＭＯＳトランジスタの正式名称は**ＭＯＳ電界効果型トランジスタ**（MOS Field Effect Transistor：ＭＯＳＦＥＴ）で、現在最も広範に最も数多く使われているトランジスタです。

ＭＯＳトランジスタには伝導に正孔を利用するＰチャンネル型と、電子を利用するＮチャンネル型の二つに大別されます。なお、「Ｐチャンネル型」と書きましたが、呼び方としては他にも、PチャンネルMOSトランジスタ、PチャンネルMOSFETなどとさまざまに呼ばれますが、すべて同じです。本書では一番シンプルな「**Pチャンネル型**」と呼ぶことにします。

■図6-4-1　Pチャンネル型MOSトランジスタの断面構造

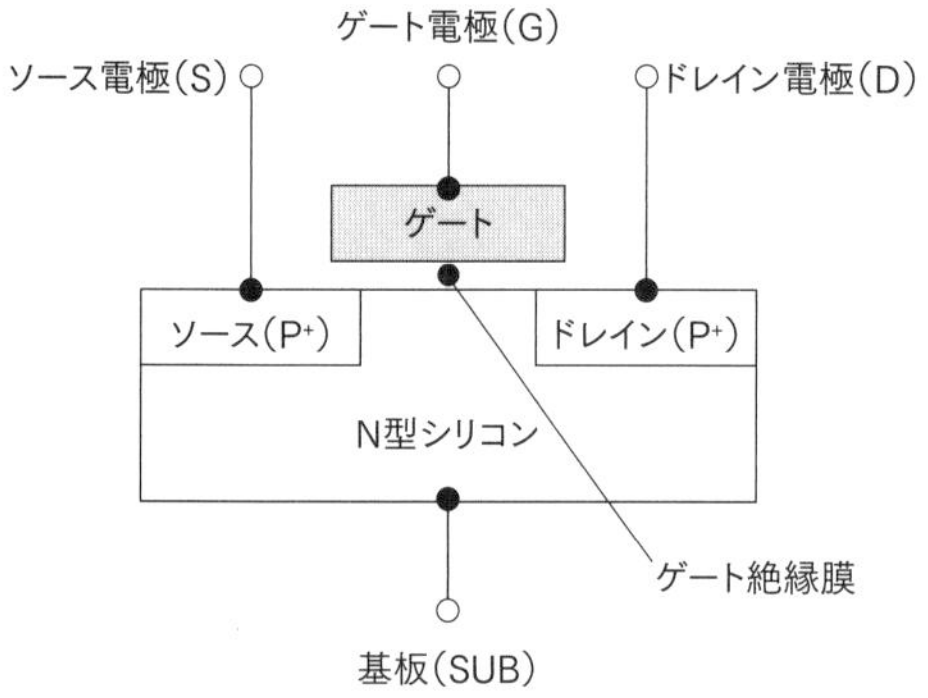

■Pチャンネル型は「正孔」が電流を運ぶ

Pチャンネル型では、N型シリコン基板の主表面に、互いに近接したP型領域のソース領域とドレイン領域を形成します。この二つの領域間の基板表面上に絶縁膜の二酸化シリコン膜を形成し、さらにその上に金属のゲート電極を形成します。すなわち4端子素子です。**MOS**（モス）という名称は、Metal–Oxide–Semiconductor（金属－酸化物－半導体）構造からきています。

このPチャンネル型でシリコン基板とソース領域を接地し、ゲート電極にマイナスの電圧をかけた状態でドレインにマイナスの電圧をかけていくと、ソース領域とドレイン領域の間に電流が流れます。このときゲート電極にかける電圧の絶対値が大きいほど、またドレイン領域にかける電圧の絶対値が大きいほど、電流値は大きくなります。ただし電流の増加は、ドレイン電圧に対し徐々に飽和する傾向を示します。

Pチャンネル型で、ソース領域とドレイン領域の間の電流はシリコン基板のごく表面近傍だけを流れますが、この電流が流れる部分は**チャンネル**と呼ばれます。この電流を担っているのはプラス電荷（**P**ositive charge）をもっていると見なされる正孔なので、Positive の頭文字Pから「**Pチャンネル型**」と呼ばれているわけです。

■Nチャンネル型は「電子」が電流を運ぶ

いっぽう、**Nチャンネル型**は、Pチャンネル型の各部の導電型を逆にした構造になっていて、P型のシリコン基板、N型のソース領域とドレイン領域をもちます。

Nチャンネル型を動作させるには、Pチャンネル型で用いているマイナスの電圧をすべてプラス電圧に変えなければなりません。Nチャンネル型で電流を担っているのは、ソース領域からドレイン領域に向かって流れるマイナス電荷（**N**egative charge）をもった電子なので、Negative の頭文字から「**Nチャンネル型**」と呼ばれているわけです。

一般に、電子の動きやすさ（mobility：モビリティ）は正孔のそれより大きいので、Nチャンネル型のほうがＰチャンネル型よりも高速動作が可能です。

トランジスタ特性を安定させたアイデア

歴史的にはＰチャンネル型のほうが先に開発・製品化されました。開発初期の頃には半導体をつくる工場のクリーンルームの清浄度や使用する材料の純度も低い状態でした。

ＭＯＳトランジスタはシリコン半導体の表面を使う素子のため、微量な不純物、特にナトリウムなどのイオン汚染に敏感で、ゲート絶縁膜の中に入ると初期特性が変動したり信頼性が低下したりします。このためナトリウムなどは「可動イオン」と呼ばれます。

この問題を解決する決定打となったのは、ゲート絶縁膜の、ゲート電極と接する上面に微量のリンを含んだ燐ガラス層を形成することでした。燐ガラス層は進入したナトリウムなどの可動イオンを捕獲し固定化するため、トランジスタ特性を安定することができたのです。

エンジニアとしてまだ若かった筆者は、ちょっとした工夫やアイデアが大きな効果を生み出すことに妙に感心するとともに、技術の面白さを身に染みて感じたものでした。

室温変動（RTドリフト）の発見

筆者がもう一つ強く印象に残っているのはＰチャンネル型に関することです。当時、電卓用の集積回路（ＩＣ）には、アルミゲートＰチャンネルＭＯＳトランジスタというものが使われていました。あるとき、ある電卓メーカーの人から、「自社で作製した電卓の信頼性がおかしいので、原因を調べてもらえないか」という依頼を受け、調査・解析したことがあります。

その結果わかったことは、その電卓に使われている某メーカーのＩＣはボロンを添加してＰ型にした多結晶シリコンからなるゲート電極をもったＰチャンネル型だったことです。

そこで、そのトランジスタの特性をいろいろ調べた結果、ゲート電極にマイナス電圧を加えていると電気特性が変化してしまうことがわかりました。我々はその現象を室温変動（ＲＴ：Room Temperature Drift）と名付けました。

室温変動（ＲＴ）と命名した理由は、ＢＴ試験にひっかけたためです。ＢＴ試験とは、ＭＯＳトランジスタの信頼性を調べる方法です。これは温度を上げ、ゲート電極に電圧を加え、トランジスタ特性が時間とともにどのように変動するかを見るもので、このＢＴ試験との対比で、常温でもバイアスだけで変動する現象だったことによるものです。

このＲＴドリフトの原因の解明と対策には、次に述べるＣＭＯＳ型の開発・改善を待たなければなりませんでした。またＰチャンネル型より不純物に敏感なＮチャンネル型の実用化に向けて、クリーンルームのさらなる清浄化、各種材料やプロセスの高純度化が求められました。

ＭＯＳトランジスタはその後、ゲート電極材料をアルミニウムから多結晶シリコン、多結晶シリコンとシリサイド膜の積層、高融点金属（タングステンやモリブデンなど）に変化してきています。したがって、必ずしもMOSトランジスタのゲート電極が金属ではないMOSトランジスタもありましたが、慣例上、現在でもMOS（モス）と呼ばれ続けています。

■CMOS型はP型とN型のMOSトランジスタを組み合わせた回路

先に述べたPチャンネル型とNチャンネル型のMOSトランジスタを組み合わせて、回路素子の基本単位とした構成法は、**CMOS**（Complementary MOS：相補型MOS）と呼ばれています。二つのタイプのトランジスタが互いに補い合うという意味です。

CMOSはPチャンネル型やNチャンネル型の単独タイプより、構造やプロセスが複雑でつくりにくく、その分、コストもアップします。その反面、低電圧動作化、微細化による高集積化、圧倒的な低消費電力化など、大規模で複雑・高性能な集積回路を実現する上で決定的な特徴とメリットをもっています。

特に、スマホなどバッテリ駆動型のモバイル機器を可能にしたのは、ひとえにCMOSによる、といってよいでしょう。CMOSでは、同一シリコン基板の上に、PチャンネルとNチャンネルの両タイプのMOSトランジスタをつくり込まなければならないため、少なくともどちらかのトランジスタの基板相当としての働きをするウエル（Well：井戸）と呼ばれるP型ある

■図6-4-2　CMOS型の断面構造

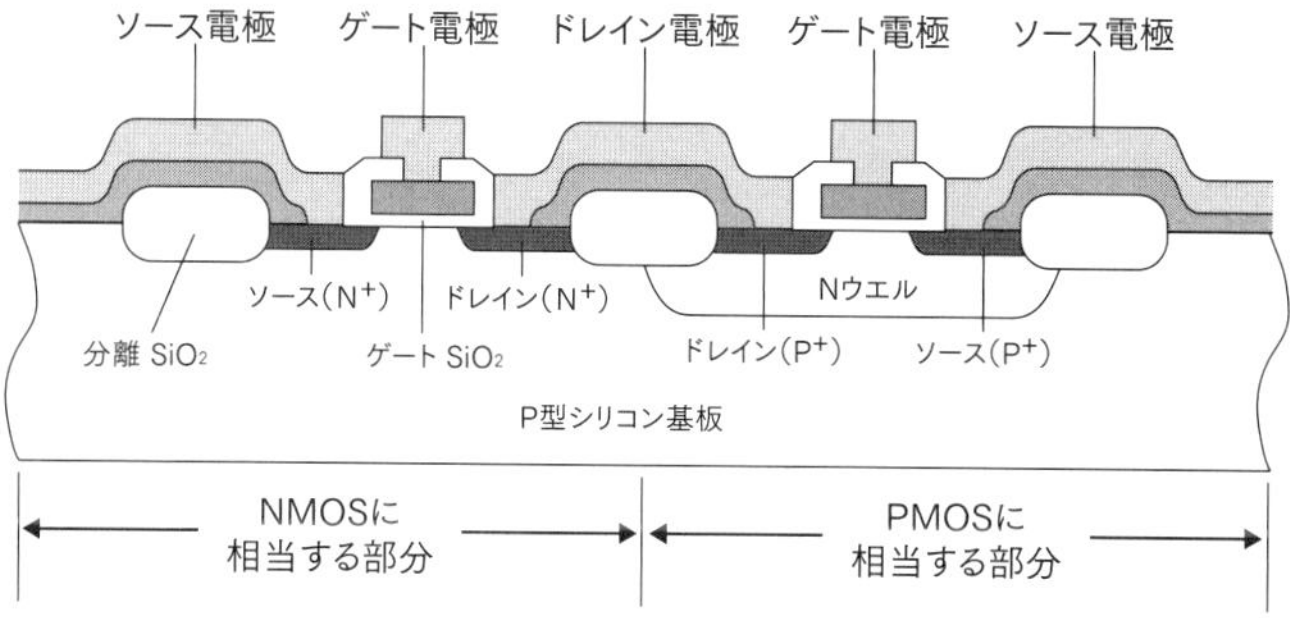

いはN型の拡散領域が必要です。

　MOSトランジスタのゲート電極として、多結晶シリコンを用いた構造は、一般的にシリコンゲートMOSトランジスタと呼ばれますが、シリコンゲートを用いた初期のCMOS構造では、ポリシリゲート電極の導電型タイプをPチャンネル型、Nチャンネル型ともに、ヒ素あるいはリンをドープしたN型ポリシリコンでした。トランジスタ特性面からは、Pチャンネル型のゲート電極はP型、Nチャンネル型のゲート電極はN型が望ましいのですが、先に述べたようにポリシリコンにボロンをドープしてP型にすると室温変動（RTドリフト）を起こしてしまうためでした。

　その後、さまざまな検討・開発により、MOSトランジスタのゲート酸化膜を熱酸化法で形成する際に、微量の窒素を添加すると、不思議なことにRTドリフトが完全に抑えられたのです。その詳しいメカニズムは筆者も完全には解明できていませんが、ＲＴドリフトの解消は紛れもない事実・現象として今でも印象に残っています。

■バイポーラトランジスタ

バイポーラ（Bipolar）とは二つの（bi：バイ）の極性（polar：ポーラ）をもったという意味で、プラス電荷をもつ正孔とマイナス電荷をもつ電子の2種類のキャリアを利用して動作するトランジスタのことです。

このバイポーラに対し、先に説明したＭＯＳトランジスタは正孔か電子のどちらか片方だけで動作するものなので、バイポーラに対してユニポーラ（Unipolar：単極）型と呼ばれます。

１９７４年に初めて発明されたトランジスタは点接触型トランジスタでしたが（4－1を参照）、実は、その基本動作原理はバイポーラトランジスタと同じでした。バイポーラトランジスタは3端子デバイスで、エミッタ（E）、ベース（B）、コレクタ（C）と呼ばれる三つの導電型領域をもっています。エミッタはキャリアを放出する部分、ベースは基盤（土台）、コレクタはキャリアを集める部分という意味をもった名称です。

バイポーラトランジスタは、三つの導電型領域の組合せにより、ＮＰＮ型とＰＮＰ型に分けられます。性能面ではＮＰＮ型が優れていますが、このトランジスタでエミッタとコレクタ間に電圧をかけた状態で（コレクタ側をプラスに）、ベースに流す電流を少し変化させると、コレクタに流れる電流が大きく変化します。すなわち電流の増幅が行なわれます。

バイポーラトランジスタは、電流で動作する「電流駆動型」ですが、先に述べたＭＯＳトランジスタは電圧で動作する「電圧駆動型」です。バイポーラトランジスタは高周波数特性、低ノイズ特性を生かし、民生用や産業用などいろいろな分野で用いられています。

歴史的に見ると、半導体（ＩＣ）が発展してきた過程で、従来はバイポーラトランジスタが利用されていた分野で、主に微細化による特性向上によって、ＭＯＳトランジスタの置き換えが徐々に進んでいきました。ＭＯＳトランジスタのほうが高集積化に向いていることや、消費電流が少ないという理由からです。

バイポーラトランジスタの変形版として**IGBT**（絶縁ゲートバイポーラトランジスタ）と呼ばれるデバイスがあります。これはＭＯＳトランジスタとバイポーラトランジスタを組み合わせたデバイスで、高電圧、比較的高速でのスイッチング、低導通抵抗などのいくつかの特徴を生かし、**パワー半導体**として利用されています。例えば、電車やＥＶなどのモーター制御、産業機械の電源などの制御、ＩＨ型の家庭調理機、冷蔵庫、プリンターなどがあります。

■ＭＥＭＳ――高精度でセンシング

ＭＥＭＳ（Micro Electro Mechanical System：微小電気機械システム）は、シリコンウエハーなどの上に、各種のセンサー、アクチュエータ、電子回路などを搭載したシステムのことで、半導体の微細加工技術などを用いて作製されます。

ＭＥＭＳセンサーは、スマホ、電子ゲーム機、プリンターなどさまざまな機器に搭載されていて、圧力、加速度、角速度（ジャイロ）、音波（マイク）などを高精度でセンシングするコンパクトなデバイスです。

スマホやタブレット端末で多用されているＭＥＭＳタッチセンサーは、単一の電極と指先の間の静電容量を検知することで、ユーザーがその場所をタッチしているか否かを判断します。この静電容量式タッチセンサーは、スマホや携帯ゲーム機の他、銀行のＡＴＭや駅の発券機などに広く利用されています。

コラム　CMOS型でも消費電力が問題になる理由とは?

先に本文中で、「CMOS型の出現により消費電力が大幅に減った」ため、バッテリ駆動型の各種モバイル機器が可能になったと述べました。

しかしパソコンなどの中を開けてみると、CMOS型回路で構成されているMPU（プロサッサ）にもかかわらず、動作時の発熱による温度上昇を抑えるためにヒートスプレッダー（MPUの熱を効率よくヒートシンクに伝える）やヒートシンク（熱を空中に放出する）を用い、空冷や水冷で冷やしています。

「CMOSで消費電力が減った」のであれば、熱を冷やす必要はないのではないか、これはいったいなぜなのでしょうか。

実はCMOS型は、Pチャンネル型やNチャンネル型だけで回路を構成した場合に比べれば、たしかに消費電力が圧倒的に少ないというのは事実です。しかし、MPUの動作周波数を上げて速く動かそうとすればするほど、それに伴って消費電力が上がってきてしまうのです。

CMOS型が電力を消費しないのは、あくまでも回路が「1」または「0」の状態（定常状態）にあるときの話であって、実際の回路動作では、一定の情報に相当する「1」と「0」が連なった信号を扱わなければなりません。ですから、回路の各部分は「1」と「0」の間をパタパタと行ったり来たりしています。

実はこの「1」から「0」、あるいは「0」から「1」に変わるのは瞬時ではなく、一定の時間がかかります。この変化の状態は「過渡状態」と呼ばれますが、この過渡状態の中の一定時間は電流が流れ（過渡電流）、電力消費が発生しています。したがって、全体の動作時間中に占める「1」と「0」の間のパタパタの時間の割合（デューティ）が多いほど消費電力は増加するのです。

MPUなどがより高速な動作を要求されるのに伴って、消費電力の増加と発熱が問題になっているわけです。

第7章

集積回路（IC）とは何か？

7-1 集積回路ってどんな回路？

■集積回路は何を集積している？

第4章で少し触れましたが、**集積回路**（Integrated Circuits）、あるいはその英語名を略した**IC**（アイシー）とは、その名の通り、「各種の回路素子を多数集め、1か所にまとめた回路」のことです。回路素子（以降、「素子」と略称）としては、第6章で説明した抵抗、容量、ダイオード、トランジスタなどがあります。

もっと具体的に説明すると、半導体基板、その中で最も代表的な基板としての単結晶シリコンの円板（シリコンウエハーと呼ばれる）上に、一連のプロセス処理を行なって各種の素子を多数つくり込み、それらを金属層などの内部配線で相互に接続し、「あるまとまった機能を実現した回路」が集積回路です。

このように、シリコンウエハー上で集積回路がつくり込まれている多数のシリコンの小片は

チップあるいはダイ、ペレットとも呼ばれます。ただし、チップという場合は集積回路そのものを指したり、半導体と同じ意味で使われたりすることも珍しくありません。

チップは、そのままでは小さすぎて扱いにくいこと、キズやゴミや不純物によって不良になったり信頼性が低下したりすることなどから、通常はパッケージに搭載されて封止して使われます。テレビやパソコンなどの内部を見ると、ゲジゲジの足のような多数のリード端子がプリント基板にハンダ付けされているのが最終形態の集積回路です(上図の下)。

■図7-1-1　プリント基板上のICチップ

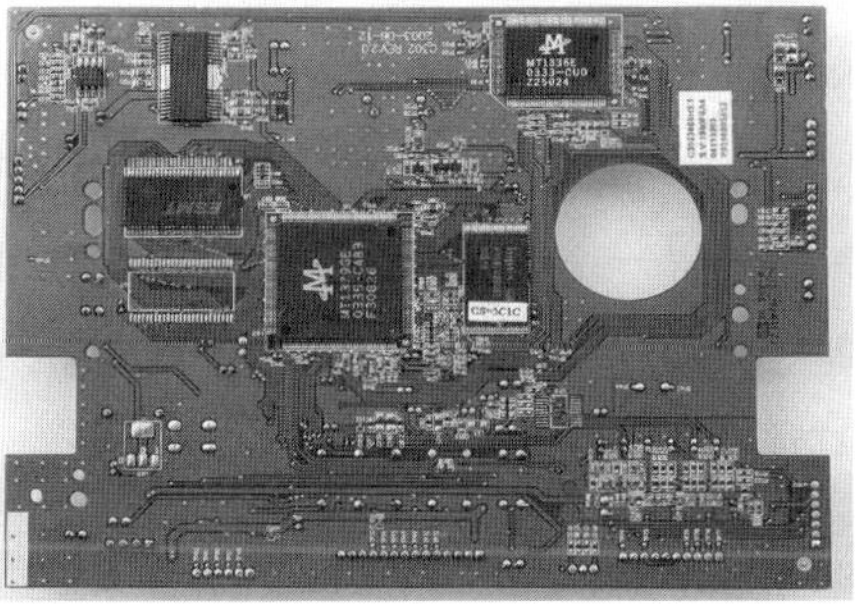

出所：Raimond Spekking

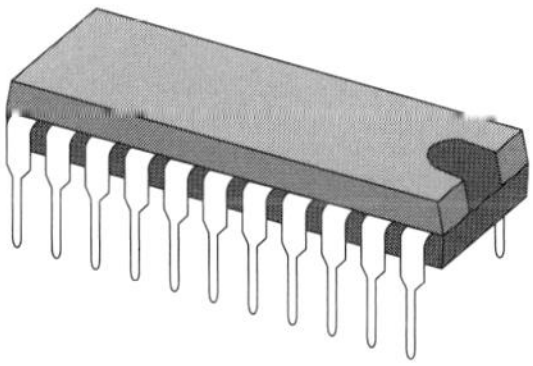

　集積回路の登場により、真空管の時代はもとより、単体素子をプリント基板上に高密度で実装するマイクロモジュール方式などに比べ、各種素子を同一シリコン基板の上に集積できるよ

■図7-1-2　集積回路（IC）の呼称と集積度

呼称		集積度
SSI	小規模集積回路	100個未満
MSI	中規模集積回路	100個～1000個
LSI	大規模集積回路	1000個以上
VLSI	超大規模集積回路	10万個以上
ULSI	超超大規模集積回路	1000万個以上

うになりました。結果として、電子機器の小型化・軽量化・多機能化・高機能化・高性能化・低消費電力化、・低コスト化・高信頼性化など、さまざまなことに大きく寄与するようになりました。

さらに集積回路における微細化技術の進展は、これらの傾向を加速し、今日のデジタル技術による情報化社会の到来を可能にしたのです。

■集積回路を「集積度」で分類してみると

集積回路（ＩＣ）は「集積度」、すなわち1個のチップ上にトランジスタなどの素子がどのくらい集積されているかによっても分類されます。またチップの単位面積当たりに集積されている素子数は「集積密度」と呼ばれます。集積度によってＩＣを分類したときの呼称と集積度の関係は概略、上の表のようになります。

現在、最先端のＩＣでは集積度が５００億個を超えるチップも製品化されています。なお、「ＩＣ」という名称についてですが、ときどき「集積度が低い集積回路を意味している」と説明しているケースも見受けますが、それは間違いです。

図７－１－２にある、ＳＳＩからＵＬＳＩまでのすべてを含んだ一般的な名称が「ＩＣ」です。なお、ＶＬＳＩとＵＬＳＩは、まとめて「超ＬＳＩ」と呼ばれることもあります。

最近ではこの表にあるような分類名が厳密に区分されて使われることもほとんどなくなりました。「ＩＣ」またはせいぜい「ＬＳＩ」、あるいは「ＩＣやＬＳＩ」のように呼ばれているのが実情です。

集積回路の中には、ウエハースケールチップと呼ばれる１枚のシリコンウエハー全面を使って１個のチップを作製した特殊なものもあります。

例えば、アメリカのセレブラス（Cerebras）がＡＩアクセラレータ向けに開発したチップ（WSE-2）は、４万６２２５㎟の超巨大チップです。

ちなみにcerebrasとはラテン語で「大脳」を意味するcerebrum（セレブラム）からきています。

7-2 集積回路にはどんなものがあるのか？

ひと口に集積回路（ＩＣ）といっても、その機能（どんな働きをするのか）には実にさまざまなものがあります。代表的な集積回路の構成法や動作原理などは次節で説明しますので、ここではどんな働きをする集積回路があるのかだけを大雑把に概観してみましょう。

■メモリ、ロジック、ＭＰＵ、ＧＰＵとは？

メモリは、おそらく一番知られている集積回路です。情報を記憶し、必要に応じて新しい情報を記憶したり、記憶している情報を取り出して利用したりするＩＣがメモリです。メモリには電源を切ると情報が失われる「揮発性メモリ」と、電源を切られても記憶し続ける「不揮発性メモリ」があります。

標準ロジック（**汎用ロジック**）は論理回路として必要な基本ロジックを業界として標準化した論理回路です。

ＡＳＩＣ（エイシック：専用ＩＣ）は、特定の用途のため必要な論理機能を組み合わせたＩＣのことです。

ＦＰＧＡ（エフピージーエイ）は完成したＩＣを外からプログラムすることにより内部の論理回路を変えられるＩＣです。

ＭＰＵ（マイクロプロセッサ）は、コンピュータなどのコアとしてのＣＰＵ（中央演算処理装置）の部分を取り出してワンチップにしたＩＣのことです。

ＭＣＵ（エムシーユー：マイクロコントローラ、マイコン）は、ＣＰＵの機能の他にいろいろな周辺回路機能を取り込んでコンパクトにまとめたＩＣです。

ＧＰＵ（ジーピーユー）は、画像処理などに必要な行列演算を行なうＩＣです。

ＤＳＰ（ディーエスピー）は、デジタル信号処理を行なうＩＣです。

ＡＩアクセラレータ（エイアイ）は、ニューラルネットワークにおけるモデル推論処理を高速に行なうためのＩＣです。

アプリケーションプロセッサは、スマートフォンなどに内蔵されているプロセッサの一種で、コンピュータ機能のＣＰＵとしてＯＳ（オペレーティングシステム）やアプリケーションの実行を行なうＩＣです。

ベースバンドプロセッサは、無線通信処理を行なうＩＣです。

■その他の集積回路

その他にも、電源ＩＣ、ＳＯＣに電源を供給するＰＭＩＣ、ドライバーＩＣ、通信モデム、コーデック（ＣＯＤＥＣ）、アナログＩＣ、ＡＤ／ＤＡコンバータなどのＩＣもあります。

電源ＩＣは、交流／直流コンバータ、直流／直流コンバータなど電子機器の動作に必要な安定な電圧を制御し、供給するＩＣです。その中でも、**ＰＭＩＣ**（Power Management IC）は特定のプロセッサをもったＳＯＣに電源を供給するＩＣです。

ドライバーＩＣは、液晶ディスプレイ（ＬＣＤ）、有機ＥＬディスプレイ（ＯＬＥＤ）、モーターの駆動信号を扱うＩＣです。

ＭＯＤＥＭ（モデム）は、無線通信用のアナログ信号をデジタル信号に、デジタル信号をアナログ信号に変換する変復調用ＩＣです。

ＣＯＤＥＣ（コーデック）は、信号を一定の規則に従って符号化したり、復号化したりするＩＣです。

アナログＩＣは、アナログ信号を使ったオペアンプやコンパレータなどのＩＣです。

ＡＤ／ＤＡコンバータは、アナログ信号をデジタル信号に／デジタル信号をアナログ信号に変換するＩＣです。

■システムを構成する集積回路——ＳＯＣ、ＳＩＰ、ＳＯＢ、チップレット

ここまでで「機能別（働き別）」にＩＣを分類してきましたが、それとは別に「ＩＣの構成方法」としての呼び方があります。その一つが**ＳＯＣ**（エスオーシー）です。

ＳＯＣはそのおおもとの名前「System On a Chip」の通り、一つのシステムと見なされる複雑な機能を1個のチップ上につくり込んだＩＣのことです。ですから、ＳＯＣは機能分類による名前ではなく「ＩＣの構成法に対する名称」です。

ＳＯＣチップには、メモリ、ＭＰＵ、ＭＣＵ、ＧＰＵ、ＤＳＰ、ＡＤ／ＤＡコンバータなどの大規模な機能ブロックが含まれています。この意味で、ここまでに述べたＡＩアクセラレータ、アプリケーションプロセッサ、ベースバンドプロセッサなどもＳＯＣと呼ばれることがしばしばあります。

ＩＣを用いてシステムを構成するにはＳＯＣの他にも、ＳＯＢ（System On Board）、ＳＩＰ（System In Package）、チップレット（Chiplet）などと呼ばれる方法もあります。

ＳＯＢ（System On Board）は、あるシステムを実現するために必要な各種ＩＣをボード（プリント基板）上に実装したものです。

ＳＩＰ（System In Package）は、パッケージ（ケース）上に必要なＩＣを配置し、それら

を外部配線で接続し、システムを構成したものです。

ＳＯＣ、ＳＩＰ、ＳＯＢの三つを比較すると、システムの小型化、高性能化、低消費電力化、高生産性などの点では、ＳＯＣ、ＳＩＰ、ＳＯＢの順でそれぞれ勝りますが、開発期間やコストの面では逆の順になります。

チップレット（Chiplet）という、新しいコンセプトに基づくＩＣのシステム構成方法があります。チップレットは必要なチップを相互接続するための接続用チップ（シリコンインターポーザ）で各種のＩＣチップをつなぎ、システムを実現します。いわばさまざまな異種のチップをレゴブロックのように組み合わせてシステムを構成するものです。

チップレットはＳＯＣに比べ、テクノロジーノードや基板材料の異なるチップを組み合わせたシステムを構成できるメリットがあります。

一般的に、あるシステムを実現するために必要なＩＣ（チップ）の全体を指して、システムＬＳＩの**チップセット**と呼ぶことがあります。

7-3 メモリの構成と動作

■メモリの住所（アドレス）と書き込み・読み出し操作

メモリは情報を「1」と「0」のパターンで記憶し、必要に応じてそこから記憶内容を取り出して利用できる働きをもった集積回路です。

筆者が高校まで住んでいた札幌市は、碁盤の目状に区画整備されていて、住所は「何条何丁目」、例えば「北15条東3丁目」のように街区により表示されます。

メモリも同じように、チップ上に縦と横のアドレス線を這わし、その交点のアドレス（住所）に、明確に区別できる二つの状態を取る記憶単位素子（メモリセル）を配置してあります。こうして、二つの状態のいっぽうを「1」、他方を「0」とすれば、1個のメモリセルで1ビットの情報を記憶できます。

メモリに情報を書き込むために、半導体はどのようにしているのでしょうか。それはチップ上に設けた回路により、縦と横のアドレス線を選び、そこのメモリセルに電圧を加えます。この動作を繰り返して全アドレスを走査し、各メモリセルを「１」か「０」の状態にします。

逆に、記憶している情報を読み出すには、同じように縦と横のアドレス線を走査して各メモリセルが「１」か「０」のどちらの状態にあるかを検出します。

■メモリの大きさ（容量）、書き込みと読み出しの速度

メモリの基本構成と動作は右に述べた通りですが、メモリセルの種類によって異なったメモリＩＣとなります。メモリを人間の記憶と比較すると、「記憶容量」はどのくらいたくさん覚えられるかに相当し、チップ上のメモリセル数で決まります。すなわちメモリセルの数をｎとすると、2^nビット（２のｎ乗ビット）の情報を記憶できます。

ｎの数が大きくなると、２のｎ乗という数がどれほど大きくなっていくかを想像してください。例として碁盤の目の数は19×19＝361ですが、2^{361}（２の３６１乗）という数は、日本で１年間にとれる米粒全部の数よりも多いのです。

最先端のメモリではｎが10の９乗（ギガ）以上の製品がありますが、それがどれほどの情報を記憶できるかを考えると、まさに驚異的であるといわざるを得ません。

メモリの動作速度も考えてみましょう。まず、「書き込み速度」とはメモリに情報をどのく

らい速やかに記憶できるかということ、「読み出し速度」のほうはどのくらい速く思い出せるか、そして「記憶保持時間」とは一度覚えたらどのくらい長い間覚えていられるかに相当します。さらにはビット当たりの単価（ビットコスト）などの違いを勘案し、目的によってどのメモリを使用すべきかが決められます。

メモリはさらに、電源を切ったら記憶が失われる「揮発性メモリ」と電源を切っても記憶し続ける「不揮発性メモリ」、また一度読み出すと記憶が失われる「破壊読み出し」と記憶が失われない「非破壊読み出し」などの別があります。

それでは、代表的な3種類のメモリ（ＤＲＡＭ、ＳＲＡＭ、フラッシュメモリ）について、回路構成法や動作メカニズム、特徴などを説明しましょう。

7-4 DRAM、SRAM、フラッシュメモリとは何か？

■DRAMのメリット・デメリット

DRAM（Dynamic Random Access Memory：ディーラム）は、日本語では「記憶保持動作が必要な随時書き込み読み出しメモリ」と呼ばれています。DRAMのメモリセルは1個のトランジスタ（T）とこれに直列に接続された1個の容量（C）から構成されています。このため、しばしば「1T1C」（ワントラ・ワンシー）セルとも呼ばれます。

DRAMでは、容量が充電されているか、放電されているかによって「1」と「0」を記憶し、この充放電はトランジスタ（選択トランジスタとも呼ばれる）を通して行なわれます。このためトランジスタ（NMOSトランジスタ）のソースは縦のアドレス線（デジット線またはビット線と呼ばれる）に、ゲートは横のアドレス線（ワード線と呼ばれる）に、ドレインは容量（キャパシタ）に接続されています。

■図7-4-1　DRAMの断面構造

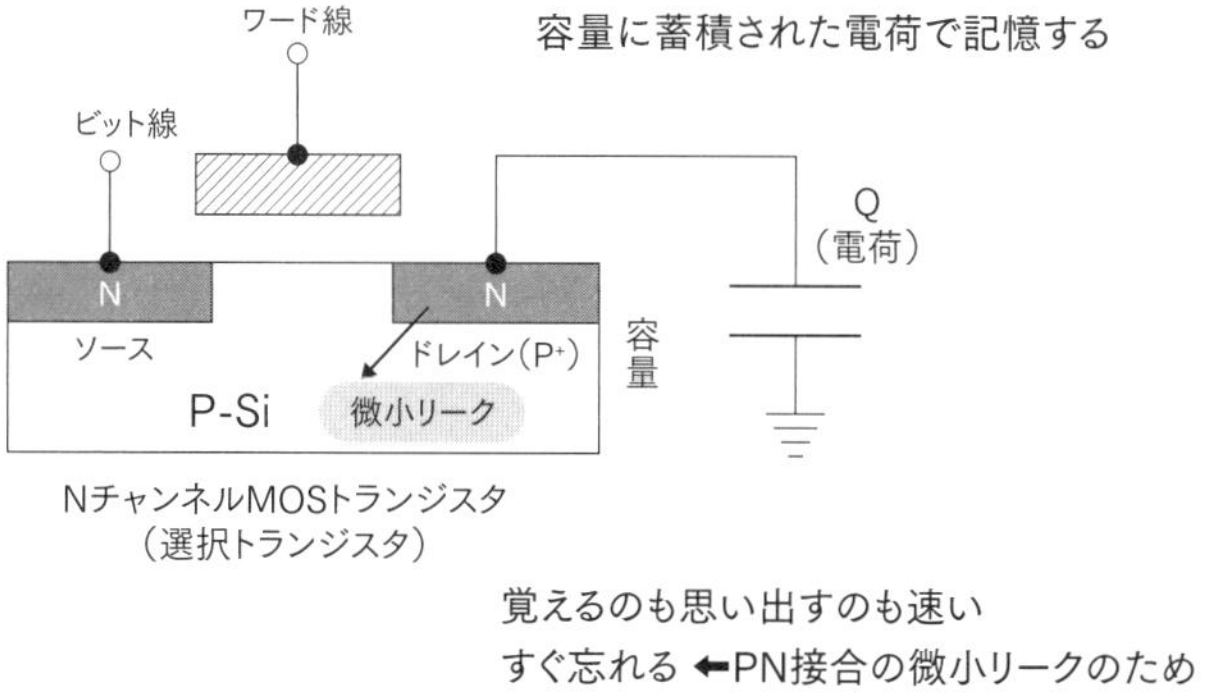

DRAMはメモリセル構造が比較的シンプルなため、大記憶容量化が可能であること、高速で随時書き込みと読み出しができることなどの長所をもついっぽう、MOSトランジスタのドレインPN接合の微小リークのため、容量に充電された電荷が自然と失われていきます。このため、一定周期（64ミリ秒程度）ごとに、繰り返し記憶内容をリフレッシュ（再教育）しなければなりません。また、一度読み出すと記憶が失われるので（前出の「破壊読み出し」）、読み出したらすぐに再書き込みが必要です。さらにDRAMは電源を切ると、メモリ上の情報がすべて消えてしまう揮発性メモリです。

このようにDRAMには多数の短所があるにもかかわらず、大容量化しやすい、書き込みや読み出し動作が速い、コストが安い、などの大きな長所を生かして、コンピュータのメインメモリなどに幅広く大量に使われています。

■SRAMは高速キャッシュメモリに使われる

SRAM（Static Random Access Memory：エスラム）は、日本語では「記憶保持動作が不要な随時書き込み読み出しメモリ」と呼ばれています。DRAMと違う点は、再書き込みやリフレッシュ動作が必要ないことです。これは、SRAMのメモリセルがフリップフロップと呼ばれるシーソーのように、左右の電圧がペアになって「1」か「0」にパタパタと切り替わる動作を利用しているためです。とはいえ、SRAMは電源を切ると情報が失われてしまう揮発性メモリであることはDRAMと同じです。

SRAMメモリセルの回路構成にもいろいろなタイプがありますが、現在最も利用されているのはフルCMOS型と呼ばれるものです。これはメモリセルの中心が2個のCMOSインバータを襷《たすき》掛けにしたような構造で、全体は6個のMOSトランジスタ（Nチャンネル型4個とPチャンネル型2個）から構成されます。

このようにSRAMはメモリセルが6個のMOSトランジスタから構成されるため、DRAMのようには集積度を上げることがむずかしく、またビット当たりコストも嵩むため、大容量化がむずかしいという欠点もあります。

■図7-4-2　フラッシュメモリの断面構造

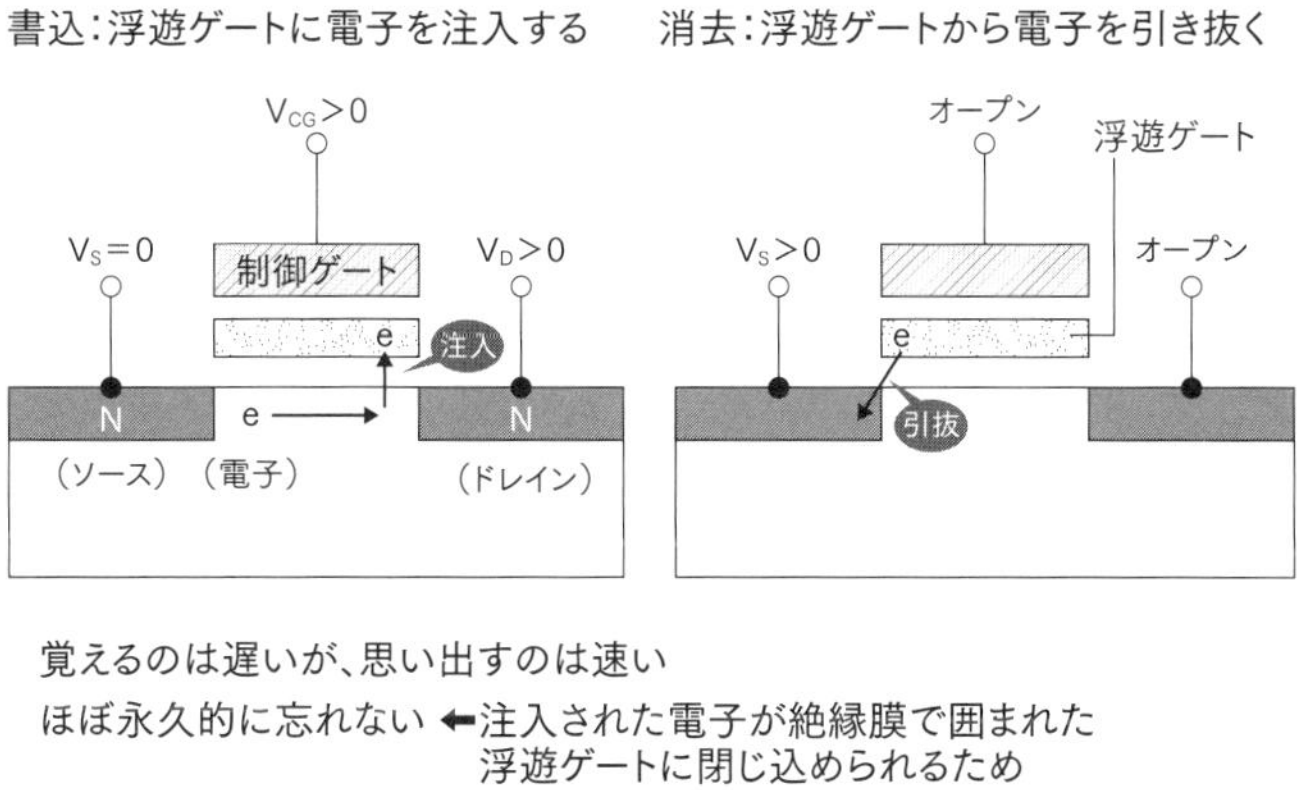

しかし、SRAMには動作速度（書き込み動作、読み出し動作）が非常に速いという特徴があります。このため、現在SRAMはCPUの高速動作を引き出すため、CPUとメインメモリ（DRAMが多い）の間にSRAMを挟み込んでバッファ的機能を果たす「**キャッシュメモリ**」として広く利用されています。

■NANDフラッシュメモリは不揮発性メモリのチャンピオン

フラッシュメモリのメモリセルは、第6章6－4で説明したNチャンネル型MOSトランジスタのゲート絶縁膜中に、他の部分から電気的に絶縁された電極（フローティングゲートや浮遊ゲートと呼ばれる）が埋め込まれたトランジスタ構造をもっています。このようなトランジスタは2種のゲート電極が積層された形状を有するためスタックドゲート型ＭＯＳトランジスタと呼ばれます。このトランジスタで従来のゲート電極はコントロール電極（制御ゲート電極）と呼ばれ、フローティングゲートと区別されます。

フラッシュメモリでは、1個のトランジスタでメモリセルを構成できるため、大記憶容量化、高集積密度化、低ビットコスト化などの多数のメリットがあります。フラッシュメモリでの書き込み動作は、読み出し動作に比べ、より高い電圧をコントロールゲートとドレインに加えます。するとソースからドレインに向かって流れる電子がホットになる（熱くなる）、すなわち高エネルギー状態になり、その一部がフローティングゲートに飛び込み（注入され）マイナスに帯電させます。

いっぽう消去動作はドレインをオープンにし、コントロールゲートをグラウンドにした状態でソースに高い電圧を加えます。するとフローティングゲートに注入されている電子はトンネル効果によりソース側に引き出され、フローティングゲートは書き込み前の初期状態、すなわちグラウンドレベルに戻ります。

読み出し操作は、コントロールゲートに低い読み出し電圧を加えたとき、ソースとドレイン間に電流が流れるか否か、すなわち書き込みされたメモリセルでは電流が流れず（「1」対応）、書き込みされていないメモリセルでは電流が流れる（「0」対応）違いを検出することで行なわれます。

NANDフラシュメモリは、電源を切ってもデータを記憶し続けられる代表的な不揮発性メモリです。このため、スマートフォン、デジカメ、USBメモリ、SSDストレージなどの記憶媒体として利用されています。

NANDフラッシュメモリは、3次元化による高集積化が進んでいて、300層レベルで3Tb（テラビット）以上の製品もあります。またNANDフラッシュメモリでは、MLC（マルチレベルセル）の製品もあり、1個のメモリセルで2、4、8、16ビットなどの多値記憶ができるものもあります。ただ、一般的に多値になるほど集積度は上がるものの特性面では劣るようになることが知られています。

7-5 ロジック（論理回路）の構成と動作

■「基本論理回路」とはどのようなものか？

ロジック（論理回路）とは、さまざまな論理演算や数値計算などを行なう回路のことです。

それらはいくつかの「**基本論理回路**」と呼ばれる回路を組み合わせることで実現できることがわかっています。

それらの基本論理回路としては、「NOT論理」「AND論理」「OR論理」などがあります。これらの論理回路をいくつか組み合わせることで、すべての論理構成ができることが19世紀のイギリスの数学者・哲学者であったノース・ホワイトヘッドとバートランド・ラッセルの著した『プリンキピア・マテマティカ（数学原理）』で証明されています。

また半導体で用いられている「1」と「0」の2値論理は、19世紀のイギリスの数学者ジョージ・ブールが提唱した「ブール代数」に基づいています。これら基本論理回路の働きを入力と出力の関係で以下に説明します。

①NOT論理

否定論理とも呼ばれ、入力Xと出力Yの関係は以下のように表わされます。

X＝1なら　Y＝0

X＝0なら　Y＝1

すなわちNOT論理は「入力の論理値を反転させる働き」をもっています。

②AND論理

論理積とも呼ばれ、2入力をX_1、X_2、出力をYとすれば、以下のように表わされます。

X_1＝0、X_2＝0　なら　Y＝0

X_1＝0、X_2＝1　なら　Y＝0

X_1＝1、X_2＝0　なら　Y＝0

X_1＝1、X_2＝1　なら　Y＝1

すなわちAND論理では、「入力がともに1のときに出力が1で、その他の入力の組合せに対しては出力がすべて0」になります。

③OR論理

論理和とも呼ばれ、2入力をX_1、X_2、出力をYとすれば、以下のように表わされます。

$X_1=0$、$X_2=0$　なら　$Y=0$

$X_1=0$、$X_2=1$　なら　$Y=1$

$X_1=1$、$X_2=0$　なら　$Y=1$

$X_1=1$、$X_2=1$　なら　$Y=1$

すなわちOR論理では、「入力がともに0のときは出力が0で、その他の入力の組合せに対しては出力がすべて1」になります。

■10進法と2進法

私たちが使い慣れている10進法は、10本の指を用いて数を数え始めたことから発達したといわれています。しかし考えてみると、10進法が唯一の計数法だけでないことは明らかです。

半導体を始めさまざまなデジタル信号を扱うエレクトロニクス装置や機器では、一般的に2進法（2進数）が広く用いられています。2進法が使われる大きな理由は、2進法で用いられる「数」が1と0の二つだけなので半導体などの内部回路でその値をつくりやすいこと、識別しやすいこと、ノイズマージンが大きいことなどがあげられます。

2進法にあまり馴染みのない方にも慣れていただけるよう、10進法との比較で2進法（2進数）とはどんなものかを説明したいと思います。例えば10進法での527が次のように表わされる（意味である）ことは明らかでしょう。

・$527=5\times10^2+2\times10^1+7\times10^0$

ここで5、2、7は仮数《かすう》、10は基数（または底《てい》）と呼ばれます。10進法における仮数は0から9までの10個の数です。2進法とは基数が2の計数法で、上記527は、

・$527=1\times2^9+0\times2^8+0\times2^7+0\times2^6+0\times2^5+0\times2^4+1\times2^3+1\times2^2+1\times2^1+1\times2^0$

と書き表わせるので、2進法では「1000001111」となります。

2進法における足し算と引き算の基本規則は以下のようになります。

［足し算］　0＋0＝0　0＋1＝1　1＋0＝1　1＋1＝0　―　上位の桁へ桁上げ

［引き算］　0－0＝0　0－1＝1　―　上位の桁から桁借り　1－0＝1　1－1＝0

なお四則演算で、掛け算と割り算は基本的に足し算と引き算に還元されます。

7-6 ゲートアレー、ＭＰＵなどの論理回路

■ゲートアレーとＦＰＧＡ

前節で述べたいくつかの基本論理を組み合わせ、さまざまな論理機能を実現したＩＣは**ゲートアレー**（Gate Array：ＧＡ）と呼ばれます。ゲートアレーはその名の通り、チップ上にゲート回路、すなわち基本的な論理回路の基礎的な縦横の配列（アレー）を準備しておきます。トランジスタなどの素子から構成されるゲートの配列をつくる下地工程のプロセスを終えたウエハーは下地ウエハーと呼ばれます。次にカスタマー（ユーザー）からの要求に合わせ、下地ウエハー上につくられているゲートの配列を金属配線で相互に接続し、必要な論理演算機能をもったＩＣを実現します。この配線以降の工程は上地工程と呼ばれます。

ゲートアレーでは、ユーザーの要求仕様が決定してから上地工程だけでウエハーが完成するので、開発期間（ＴＡＴ）が短く、回路変更もしやすいというメリットがあります。

またゲートアレーの発展形として、メモリやＣＰＵなどの機能回路ブロックを内蔵し、ゲートアレーを利用して高機能の希望する論理が形成できるエンベデッドセルアレー（ＥＣＡ）やスタンダードセルアレー（ＳＣＡ）と呼ばれるものもあります。

ゲートアレーの一種に**ＦＰＧＡ**（Field Programmable Gate Array）があります。これは「プログラマブル」という通り、ＩＣの完成後にユーザーが外からプログラムを与えることによって、論理演算機能をハード的に変更できるゲートアレーです。

ＦＰＧＡは通常、ゲート回路の他にメモリやＣＰＵなどを内蔵していて、幅広い分野に用途が広がっている重要なＩＣです。

用途としては、コンピュータ、通信機器、ゲーム機、オーディオ機器、ディスプレイなどがあります。また、ゲートアレーは現在も進化を続けている組み込みＣＰＵ、ＤＳＰ、メモリーインターフェースなどの機能を内部に取り込んできています。

■ＭＰＵは「頭脳」の役割をするＩＣ

コンピュータの頭脳部分に相当するのが**ＣＰＵ**（中央演算処理装置）で、数値計算や論理演算、各種の制御などを行なうＩＣです。

いっぽう、パソコンなどのコンピュータではＣＰＵの部分だけを取り出し、1個のＩＣにまとめたものが**ＭＰＵ**（Micro Processing Unit）で、超小型演算処理装置と呼ばれています。

１９７１年にアメリカのインテルが世界初のマイクロコンピュータ（マイコン）をつくりましたが、これに搭載するＣＰＵとして**ＭＰＵ**が誕生しました。その後、各種エレクトロニクス機器への応用を通じて、ＭＰＵ自身も急速な発展を遂げ今日に至っています。

皆さんがお使いのパソコンには「インテルインサイド」と書いてあるものもありますが、それはインテルのＭＰＵが搭載されているという意味です。

ＭＰＵの発展過程には二つの側面があります。一つは扱うデータ幅を示すビット数で、これが大きくなるほど処理能力が上がります。ＭＰＵは４ビット品からスタートして、８ビット、16ビット、32ビット、64ビットと推移しています。現在の主流は64ビットＭＰＵです。

もう一つは、ＭＰＵに与える命令セット（インストラクション）の違いです。その違いによって**ＣＩＳＣ**（シスク：複雑命令セットコンピュータ）型と**ＲＩＳＣ**（リスク：縮小命令セットコンピュータ）型があり、前者は複雑・多様な命令セットをもったＭＰＵで多機能な反面、設計や高集積化がむずかしいという側面があります。

ＭＰＵの代表的なメーカーであるインテルはＣＩＳＣ型を採用してきました。ＲＩＳＣ型はハードウェアでの実現効率が最適化しやすい、比較的単純な命令セットを採用することで、高集積化・高性能化が比較的容易で開発期間も比較的短くできます。

初めのころはCISC型が優勢でしたが、しだいにRISC型が高速性を生かし、ワークステーションやデータセンターなどの用途を拡大しつつあります。最近、躍進の著しいアメリカのAMDは初めからRISC型のMPUをつくっていましたが、最近ではインテルもRISC型に挑戦すると公表しています。

■MCUは家電向けIC

MPUに似た言葉にMCUがあります。**MCU**（Micro Controller Unit）とは超小型制御装置のことで、MPUがコンピュータなどの汎用的な製品に使われるのに対して、MCUのほうは家電やAV機器などに使用されるケースが多いといえます。MCUは**マイコン**あるいはシングルチップマイコンとも呼ばれます。

MCUは小型のCPUの他に、プログラムやデータを格納するメモリ、カウンターやタイマー、キーボードやディスプレイなどの周辺機器を制御するための入出力ポートなどの各種回路を内蔵しています。

MCUはクルマのエンジン制御、家電製品の制御、例えば炊飯器でご飯炊きのコツ「始めチョロチョロ、中パッパ、赤子泣くとも蓋取るな」などの機能を実現するために利用されています。MCUにもビット数（4、8、16、32ビット）の異なるものがあり、万歩計の4ビットからクルマのエンジン制御用32ビットまで、幅広く使い分けられています。

■ADCとDACはアナログ／デジタルの変換器

情報を担う電気信号には、連続量としての「アナログ信号」と飛び飛びの離散信号としての「デジタル信号」があります。自然界での温度、気圧、湿度などはすべてアナログ信号ですが、入力信号に精度の高いさまざまな処理を行なうには、一度デジタル信号に変換する必要があります。

ここで、**ADC**（Analog Digital Converter）はアナログ／デジタル変換器と呼ばれるもので、アナログ信号をデジタル信号に変換する回路です。これに対し、さまざまな演算処理を加えられたデジタル信号はアナログ信号に変換されて（戻されて）から出力されますが、このとき、デジタル信号をアナログ信号に変換するのが**DAC**（Digital Analog Converter）、つまりデジタル／アナログ変換器です。

■DSPはデジタル信号を高速に演算処理するIC

DSP（Digital Signal Processor）とは、その名の通りデジタル信号処理を専門に行なうICです。アナログ信号としての音声や画像データ、温度や圧力のようなセンサー情報がADC

によって変換されたデジタル信号に対して、フィルタリング、解析、伝送などの演算を高速で行なうプロセッサです。DSPは四則演算などの数学演算処理を高速に実行します。

DSPというと筆者は思い出すことがあります。それはアメリカのテキサス・インスツルメンツ（TI）が1978年に発売した「Speak & Spell」というマシーン（映画『E.T.』にも登場した玩具）で、子どもが英語のスペルや発音を学習するためのモノでした。

当時、筆者がいたNECの部門で、たまたまアメリカに出張した人が、「面白いものがあったから買ってきた」といって皆に見せてくれたのがSpeak & Spellだったのです。この装置には音声認識・合成チップが搭載されていたのですが、筆者たちは「半導体でこんなことができるんだ！」と感心しながら遊んだものです。TIは現在でもDSPの世界的メーカーですが、その走りがあの装置だったと考えると、懐かしい想いに駆られます。

■図7-6-1　Speak & Spell

出所：FozzTexx

GPUは画像処理などを専門に行なうIC

GPU（Graphics Processing Unit）は、画像処理などを専門とするICです。画像（静止画、動画）処理などには膨大な計算が必要です。いわゆる行列演算というもので、積和演算（積の和を求める演算）が多用されます。ＧＰＵはこのように画像処理などをするための膨大なデータ計算を迅速に行なう能力を生かして、画像以外のビッグデータ処理にも多用されています。

　ＧＰＵは並列処理能力に優れているため、複数のタスクを同時にこなせます。ＧＰＵをＣＰＵと比較すると、ＣＰＵが汎用処理として連続的にタスクを実行するのに対し、ＧＰＵは積和演算に特化しているためＣＰＵより桁違いの速度で処理可能です。

　一般的にＧＰＵはＣＰＵとタスク分担をしながらコンピュータを動かしています。ＧＰＵはスーパーコンピュータ、３次元グラフィックス、人工知能（ニューラルネットワークを用いたディープラーニング）、データマイニング、生成ＡＩなど多くの用途があり、さらにその重要性が増してきています。最初にＧＰＵを開発製品化したのはアメリカのエヌビディアで、最近のエヌビディアの驚異的躍進はそのことを遺憾なく物語っています。

■SOCはワンチップで構成されたシステム

SOC(System On a Chip)は、１９９０年代以降に生まれた、１個のチップ上にシステムをつくり込んだＩＣのことです。メモリ、ＣＰＵ、ＧＰＵ、ＤＳＰ、ロジック、ＡＤＣ／ＤＡＣなど各種の大規模な回路ブロック（マクロとも呼ばれる）をワンチップに集積することで実現されています。

このようにＳＯＣはもともと、システムを実現するためのＩＣの構成法に関する呼び名であって、特定のシステム機能をもったＩＣのことではありません（７－２参照）。

したがって、ＳＯＣで実現されている個別のＩＣにはそれぞれ固有の名称があります（ＳＯＣは先端ロジック、システムＬＳＩなどと、ほとんど同義で呼ばれることもある）。

以下に、そのいくつかの例をあげて説明します。

まず、**アプリケーションプロセッサ**はスマホやタブレット端末に搭載されているマイクロプロセッサＭＰＵの一種で、ＯＳ（オペレーティングシステム）や各種のアプリケーションプログラムを実行します。

アンドロイド仕様（スマホ）のアプリケーションプロセッサは英アームのアーキテクチャに基づくものが多く、クアルコムのスナップドラゴン、サムスンのエクシノス、メディアテック社のヘリオやディメンシティなどがあります。アップルは自社開発のアップルＡシリーズを使用しています。

組み込みシステム用としては、ＡＭＤのx86アーキテクチャによるジオード、車載用としてエヌビディアのドライブアトラン、ルネサスのコミュニケーションゲートウエイなど、また通信用としてメディアテックの５Ｇ向けＭＴ６８９０など枚挙に暇がありません。

■ＡＩチップは膨大なデータを学習・処理するIC

ここで述べるＡＩチップについては、すでに第3章の83～84ページでも触れましたので多少オーバーラップする内容が含まれていますが、ご了解ください。

AIチップは、ＡＩ（人工知能）用として機械学習やディープラーニングにおける各種処理を効率的に行なうための半導体です。ＡＩでは一般的に膨大なデータの学習と、そこから抽出される特徴（特性関数）に基づいて独自に推論し、結果を導き出す処理が含まれます。特に最近のChatGPTのような「生成ＡＩ（生成系ＡＩ）」と呼ばれる汎用的性格のＡＩが発達する背景では、さまざまな高性能ＡＩチップの熾烈な開発競争が繰り広げられています。

本書ではすでに（第3章83～84ページ）、インテルやＡＭＤ、Ｍ7と呼ばれる大手企業とその代表的なＡＩ半導体チップについて紹介しましたが、その他にも新興企業を含め数多くの企業がＡＩチップの開発に取り組んでいます。

例えばクアルコムやアナログデバイセズ、中国のバイドゥやアリババ、新興企業のテンストレント（カナダ）やブレイズ（アメリカ）などが挙げられます。

コラム　ＡＩの歴史

ディープラーニング、あるいは２０２２年から登場したChatGTPなどによって、現在ほど、人工知能ＡＩ（Artificial Intelligence）が大きく脚光を浴びている時代はないでしょう。

ＡＩとは、人間がもっている知的能力「学習・推論・判断」などをコンピュータシステムに行なわせるという概念です。

ＡＩの第１次ブームは１９６０年代から70年代前半で、「探索や推論」という能力を目指しました。その後の「ＡＩ冬の時代」を経て、第２次ＡＩブームが１９８０年から１９８７年にかけてのことで、ここでは専門家のもっている知識やノウハウをコンピュータに移植し、人に代わってコンピュータに行なわせるという「エキスパートシステム」が盛んになりました。

しかし、ＡＩの本格的な発展は２００６年に突如、やってきました。ジェフリー・ヒントンが多層ニューラルネットワークを用いた**ディープラーニング**や機械学習と呼ばれる方式を提唱したことから、ＡＩは新時代の幕を切って落としたのです。

さらに一般の人々に驚きをもって迎えられたのが、１９９７年にＩＢＭのディープブルーが当時のチェス世界チャンピオンのガスパロフを破り、２０１１年にはＩＢＭのワトソンがクイズ番組「ジェパディ！」で優勝し、２０１５年にはグーグルのディープマインドが韓国のトップ囲碁棋士を破ったことでしょう。これらの分野では、当分の間は人間の能力を凌ぐものは現れないだろうと考えられていたからです。

ディープラーニングによる新しいＡＩが、それ以前のＡＩと大きく違っているのは、人間が与えた規則やルールに従ってではなく、膨大なデータから「**特徴量**」をコンピュータ自らが発見し、それに則って知的活動をすることです。このため、人間から見ると「なぜそうするのか？」「なぜ正解を得られたのか？」の理由が理解できないことさえしばしば起こります。

最近では、**生成ＡＩ**（生成系ＡＩ）と呼ばれる、「データに潜むパターンや関係を自ら学習し、それに基づいて新しいコンテンツを生成する（生み出す）」機能をもったＡＩが出現してきました。代表的なものとしてオープンＡＩ社が開発した**ChatGPT**（チャット・ジーピーティ）は通常の言葉でＡＩと会話すると、条件に応じた文章を作成してくれるテキスト生成ＡＩです。テキストだけでなく、画像を描いてくれたり、作曲をしてくれたりする生成ＡＩもあります。

このペースでＡＩが進化していった場合、汎用的なＡＩの知能が人間のそれを凌駕するという２０４５年のシンギュラリティも現実のものとなるのでしょうか。そうなったとき、私たち人間の生活は、そして存在意義はいったいどうなっているのでしょうか。

第 8 章

集積回路はどのようにつくられる?

8-1 集積回路をつくる全体の工程

本章では、いきなり「集積回路のつくり方（8－4以降）」に入るのではなく、その前に「半導体製造全体の流れ（工程）」を概観し、次に立地条件も含めて「半導体工場とはどんな施設なのか」（8－3）を説明しておきましょう。そのほうがイメージも湧きやすいと思うためです。

❶設計からマスク作製まで――何をつくるかを決める

新しい集積回路の開発から製造までは、アプリケーションや市場予測に基づいて、ＩＤＭやファブレスにおける製品企画からスタートします。すなわち実現しようとする電子機器システムからどの部分を切り出して集積回路とするか、それをハードウェア・ソフトウェアの協調設計に基づいて決めます。簡潔にいえば、「何をつくるか？」を決めるわけです。

複雑なロジックＩＣ設計では、**ＥＤＡツール**（Electronic Design Automation）を用いた論理・回路・レイアウトの階層設計が利用されます。それと同時に、シミュレーションと検証に

■図8-1-1　ICの製造前工程とウエハー・プローブ検査の概略フロー

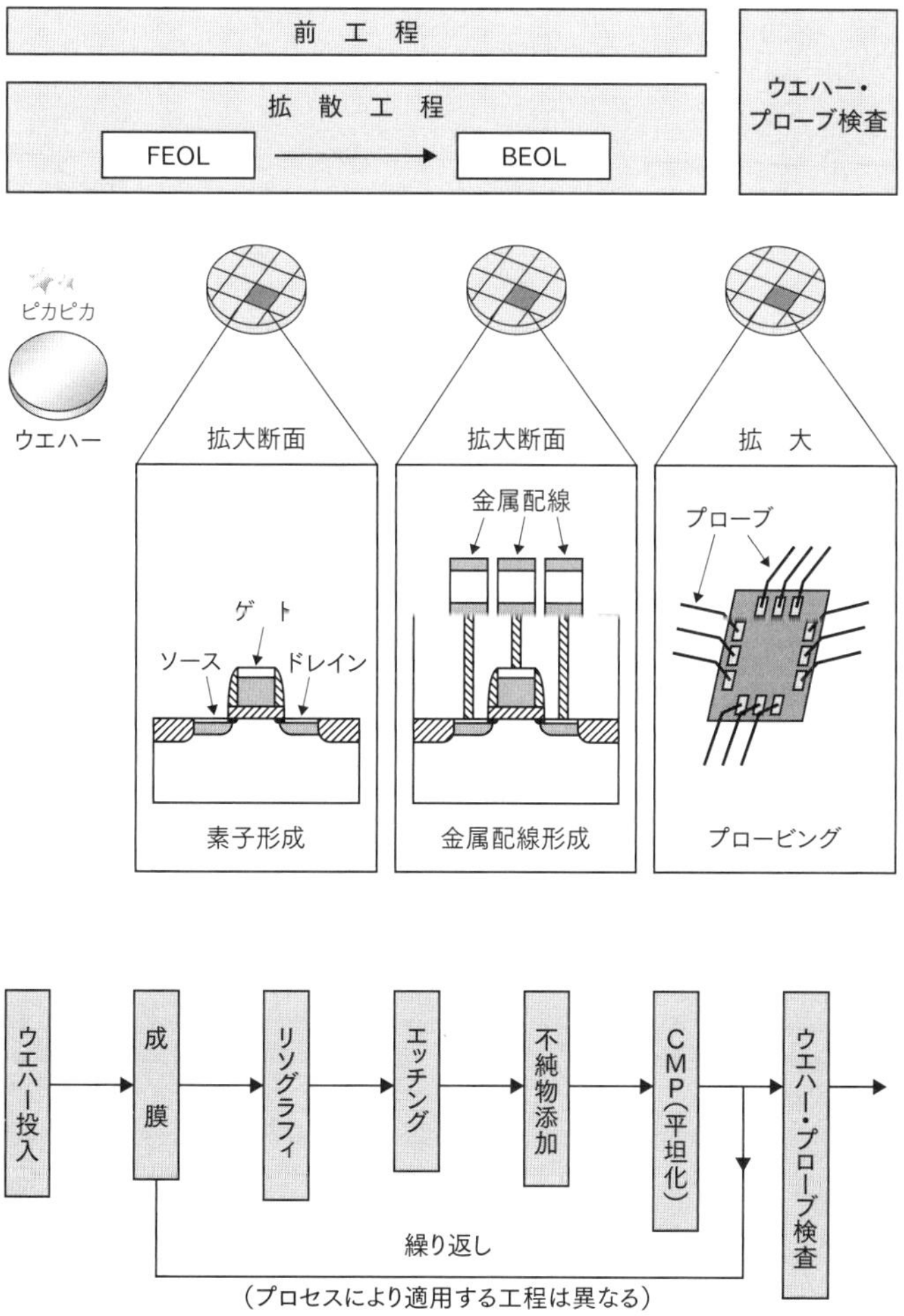

より性能の予測・確認も行なわれます。**階層設計**では、自社あるいはＩＰプロバイダーが保有する**ＩＰ**（設計資産としての機能回路ブロック）を必要に応じて利用します。

　これらの設計段階が終わると、露光機を用いてシリコンウエハー上に回路パターンを転写するための**マスク（レチクル）**をマスクメーカーに依頼して作製します。

❷前工程――ICチップをつくり込む

　ＩＣの製造工程は「前工程」と「後工程」の二つに分けられます。

前工程は、ＩＤＭあるいはファウンドリー企業（前工程を受託生産する会社）が担当する工程で、前工程では、数百ステップを超える複雑なプロセスを経て、ウエハー上に、多数のＩＣチップを同時につくり込みます。

具体的にはウエハー上に各種の薄膜（絶縁膜、半導体膜、導電膜）を形成する**成膜工程**があり、露光機を用いて薄膜上に塗布したフォトレジスト（感光性樹脂）にマスクパターンを転写する**リソグラフィ工程**があります。

　そして、現像されたフォトレジストパターンをマスクにして下地薄膜を選択除去することで、薄膜にパターン加工を施す**エッチング工程**、次にシリコンや半導体膜の必要な箇所に導電型不純物を加える**不純物添加工程**、さらには製造途中のシリコンウエハーを研磨することで表面を真っ平な状態にする**平坦化工程**があります。

これらの長く複雑な工程に加えて、各工程間でシリコンウエハーを酸や超純水などで清浄化するための**洗浄工程**が何度もあり、それらの工程間をリニアモーターや有軌道あるいは無線ロボットなどで搬送する**搬送工程**、そして仕掛かりのウエハーのでき栄えをチェックする**ウエハー検査工程**なども含まれています。

前工程はさらに、ＦＥＯＬ（Front End Of Line）と呼ばれるトランジスタなどの素子をつくり込む工程と、ＢＥＯＬ（Back End Of Line）と呼ばれる素子間を配線で相互に接続する工程に分けられます。

前工程が終了し、完成したシリコンウエハー上のチップの良・不良を判定するのが**ウエハー・プローブ検査**です。この検査は前工程ではなく、後工程に入れられることもあります。

❸後工程——組立と検査

これ以後は**後工程**に入ります。後工程はＩＤＭやＯＳＡＴ企業（後工程を受託生産する企業）により行なわれます。後工程は、**ダイシング工程**によってウエハーを1個1個のチップに切り分ける工程で始まります。こうして切り分けられ、検査でパスした良品チップは、**組立工程**でパッケージに搭載され封止されます。

組立が終わったＩＣは、**ＢＴ**（Burn in Test：バーンインテスト）と呼ばれる工程で、信頼性評価と選別（スクリーニング）が行なわれます。**最終検査**によって製品仕様に応じて電気特性が測られ、合格したＩＣは製品として入庫されます。

以上、各工程の概略を説明しましたが、各工程のもう少し詳しい内容について、以下で項目ごとに説明を加えていきます。

■図8-1-2　ICの製造後工程の概略フロー

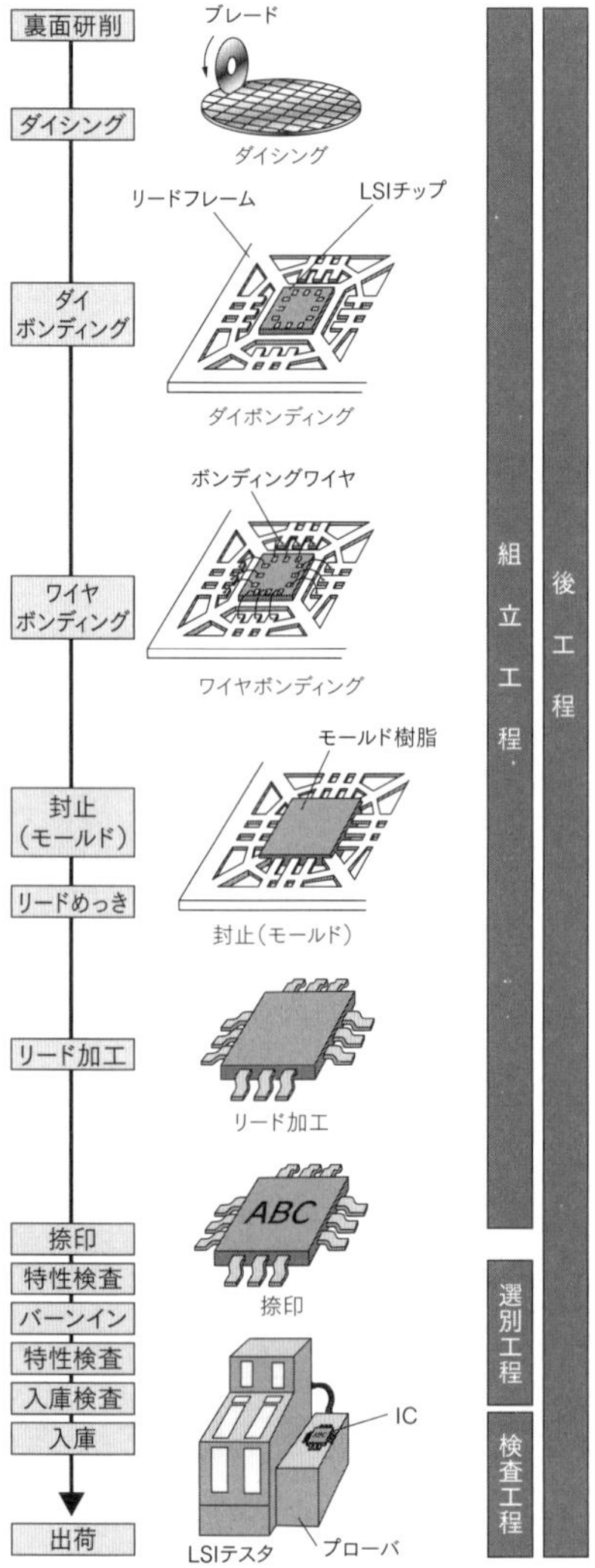

8-2 設計からマスク作製まで
——製造工程❶

■設計段階——どんな機能をもたせるか、どうレイアウトするか？

論理設計では、ＩＣにもたせる機能をどんな論理（回路）で実現させるかを設計します。そのためＨＤＬ（ハードウェア記述言語）やＲＴＬ（レジスタトランスファーレベル）の記述に基づいて、ゲート回路レベルの論理回路を設計します。

ＣＡＤ（コンピュータ支援設計）ツールを使って論理システムを論理回路に変換する操作は「論理合成」と呼ばれます。その工程は一本道ではなく、一定の制限条件の下で目的に沿って論理回路を最適化する操作も含まれています。具体的にはどんな回路部品としてのＩＰ（機能回路ブロック）を選ぶか、いかにして論理回路面積や信号遅延さらには消費電力を抑えるかなどが含まれます。

レイアウト設計は、１個のチップ全体の設計において、各種ＩＰのチップ内の配置とそれらの電気的配線のレイアウトを決めます。この際、いかにチップサイズを最小化するか、動作速度や消費電力などの性能をキープするかがポイントになります。先端ロジックなどの微細加工技術を用いたＩＣでは、「配線が性能を決める」といっても過言ではなく、メタル配線を何層も積み重ねた多層配線技術が用いられています。そもそも集積回路の前工程がＦＥＯＬとＢＥＯＬに分けられたのは、多層配線技術の導入に伴って、プロセスステップ数や必要な設備投資額などで配線工程が占める割合が増加したので工程を分けたほうが都合が良かったためです。

■マスク（レチクル）作製の流れ

シリコンウエハー上にＩＣをつくり込むには、リソグラフィ（写真蝕刻）技術を利用して、ある材料の薄膜を積んでパターニング（形状加工）を施し、さらにその上に次の薄膜を積んでまたパターニングを施し……と、薄膜を積む工程を何度も繰り返すことで、ＩＣの3次元構造を形成していきます。このとき、各層の薄膜のパターン（平面形状）を決定するために、マスクを通して所定のパターンをウエハー上に転写します。通常の写真でプリントする場合には現像されたフィルムから焼き付けをしますが、ＩＣのマスクは、いわば「特殊な現像済みフィルム」とでも考えてください。

ここでは、現在、ＩＣの製造で最も頻繁に用いられているステッパー、あるいはスキャナー

（ともに縮小投影露光装置と呼ばれる）で使用されるマスク（レチクルとも呼ばれる）について、マスクそのものと関連技術について説明します。

マスク（レチクル）は、マスクブランクスと呼ばれる透明な石英板の表面に、クロム薄膜のパターンが形成されています。クロムパターンは実際に転写すべきパターン寸法の5倍ぐらいの拡大パターンになっています。

ＩＣの大規模化・高集積化・微細化などの進展に伴い、マスクにもさまざまな技術革新が行なわれてきています。その中で、露光解像度を上げる工夫として**超解像技術**と呼ばれる方法がいくつかあります。例えば、露光光の干渉効果を利用してコントラストを上げる位相シフトや、パターンの形状や粗密による干渉効果によって転写パターンの忠実度が下がるのを抑えるためにマスクパターン形状補正を行なう近接効果補正（ＯＰＣ：Optical Proximity Correction）などの技術が利用されています。

最近、近接効果補正については、ＡＩ技術を利用して最適なマスク設計を行なう**コンピュータリソグラフィ**の研究・開発も盛んに行なわれています。ちなみに最先端のＥＵＶ（極端紫外線）リソグラフィ用のレチクルとしては、シリコンとモリブデンを数十層も重ねた反射鏡が用いられています。レチクルは傷やゴミから守るため**ペリクル**と呼ばれる保護膜でカバーされています。

8-3 半導体の製造工場

半導体の製造法についての具体的説明に入る前に、そもそも製造が行なわれる場としての半導体工場とはどんな工場（施設）なのか紹介しておきましょう。

■半導体工場の立地条件とは？

半導体を製造するのに「適した場所」とはいったいどのような場所で、その理由は何なのでしょうか。

まず、半導体の製造には「大量の水」が必要なので、水資源（河川水や工業用水など）の豊富なことがあげられます。また安定した電力供給が期待できる場所でなければなりません。さらに、半導体の製造にはさまざまなガスや薬液などの消耗材料が必要で、これらを材料メーカーから取り寄せたり、あるいは完成した半導体製品を迅速に出荷するために高速道路や空路を使います。このため、空港やインターチェンジに近いことも条件になります。

■図8-3-1　国内の半導体工場地図

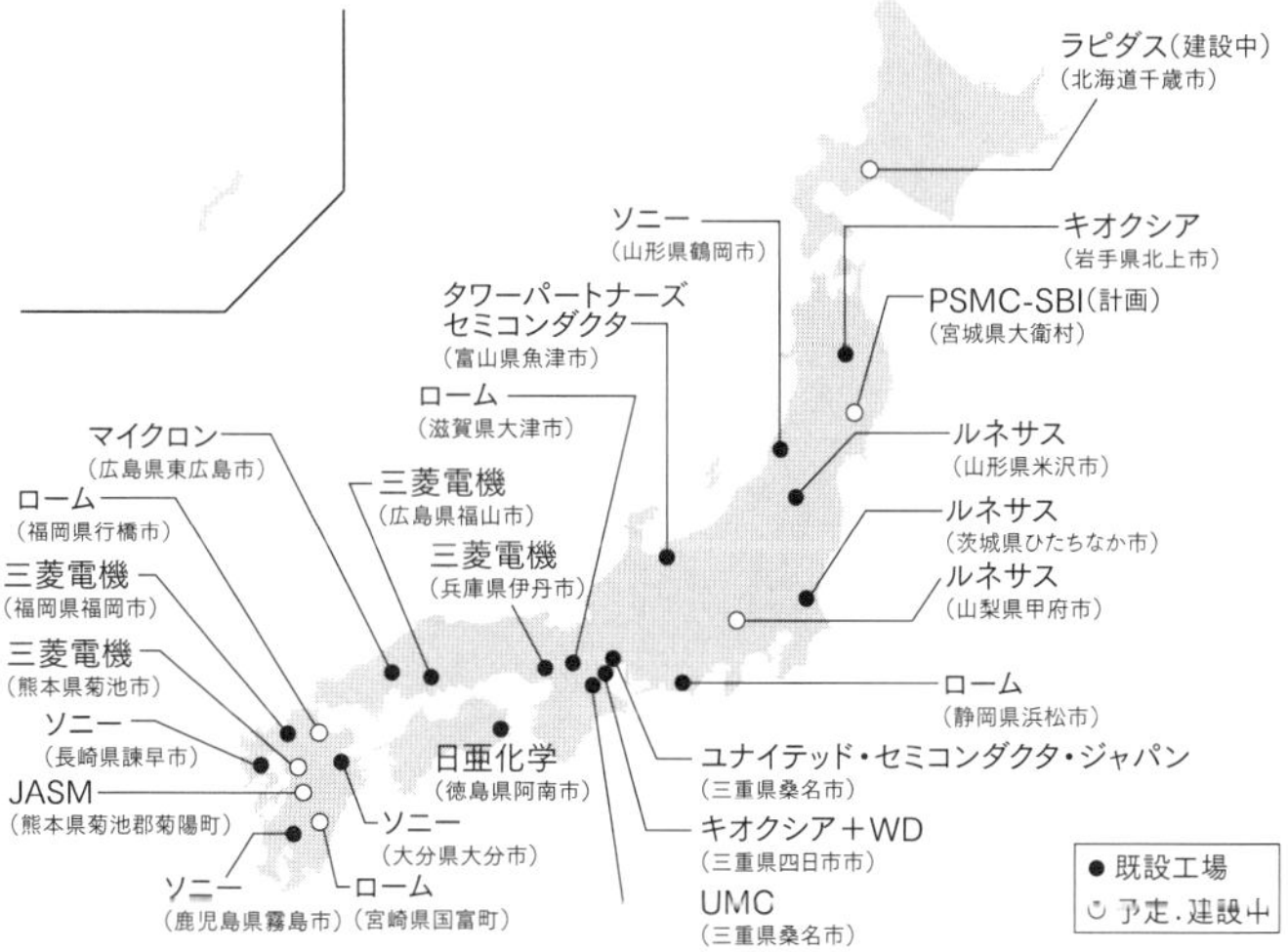

　さらに質の良い技術者やオペレータの人材・労働力の確保も重要です。その意味では大学や研究機関を含めた施設が近くにあることも有利に働くでしょう。

　これらに加え、その地域の県や自治体が、半導体製造工場の建設・誘致に対し、意欲的かつ好意的か否かも大きな判断材料になるでしょう。半導体メーカーは、地域社会や地域住民と調和して事業を推進し、雇用の拡大や税収増などを通して地域の発展に貢献しなければなりません。その意味で、有利な地価の工業団地など、広い土地を確保でき、税制上の優遇措置が得られる場所は一般的に有利に働くでしょう。

　また新たな工場を建設する際には、まったく別の場所に建設するより、既存棟に隣接した場所に新棟を建てるほうが、コストを含めたさまざまな面で有利に働きます。

■半導体工場の全体イメージ

ひと口に半導体工場といっても、果たすべきさまざまな機能によって敷地内にいくつかの建屋（棟）が設けられていて、それらがお互いに繋がれています。一般的な建屋としては、**事務棟**（オフィス棟）、**ファブ棟**（製造棟）、**ファシリティ棟**（施設棟）です。これらの中で中心となるのは、あくまで実際に半導体の製造が行なわれるファブ棟です。

まず**事務棟**は、基本的に工場全体を管理するアドミニ機能（管理機能）をもっています。事務棟には、社長あるいは工場長の部屋、総務部、人事部、経理部、資材部、技術部、設備部、品質管理部などの間接部門、場合によっては製造部などの直接部門の事務所があります。

ファシリティ棟を含む外回りには、６万６０００ボルトの特高配電から降圧し、工場に配電する**配電所**があり、緊急時に対応するための自家発電所、大量に使用するガス（窒素、酸素、水素、アルゴンなどのガス）を集中タンクからパイプラインでファブ棟に供給する**ガスプラント**、大量に使用する薬液（硫酸、フッ酸、塩酸、硝酸、リン酸、過酸化水素、イソプロピルアルコール、メチルエチルケトンなど）を集中タンクからパイプラインでファブ棟に供給するための**薬液プラント**、さらに超純水供給設備、排水処理装置、排ガス処理装置、廃棄物保管倉庫、緊急廃液貯蔵タンクなどがあります。

ＴＳＭＣが九州熊本県菊陽町に建設中の工場（JASM：Japan Semiconductor Manufacturingジャスム）の一端を紹介すると、22／28ナノプロセスの３００ミリウエハーを月産５万５０００枚、敷地は21・３ヘクタール（東京ドーム４・５個分）で従業員が１７００人とされています。同地にはソニーグループの工場と東京エレクトロンの工場が隣接して存在していて、熊本空港には車で約15分の距離にあります。

■ファブ棟とクリーンルーム

次に、製造の直接の場となるファブ棟内のクリーンルームについて説明します。

ＩＣの製造は、ファブ棟内にある**クリーンルーム**（Clean Room：CR）と呼ばれる清浄な環境の中で行なわれます。ＩＣは微細なパターンを用いて設計されているため、微細なパーティクル（ゴミ）があるとパターン形状不良を生じ、また微量な金属やイオンあるいは有機物なども形状不良の原因になったり特性あるいは信頼性に悪影響を及ぼしたりします。

クリーンルームでは、清浄な環境を実現するため、天井のＵＬＰＡ（ウルパ）フィルターを通して導電性のグレーチング床に向けオールダウンフロー（流速０・２〜０・４ｍ／秒）の空気を流し続けています。この空気は、外調機で取り入れフィルターを通したものと、循環空調機で床下から天井へ循環したものからなっています。

リソグラフィエリアなどではダウンフローの流速を上げて清浄度をアップさせます。クリーンルームには製造装置、洗浄・乾燥装置、測定機器、搬送機、ストッカー（仕掛りウエハーの一時保管棚）などが配置されていますが、床面利用方式としては全体をそのまま使う大部屋(Ball Room：ボールルーム）方式と各作業を中央通路に対しコの字型に配置したベイ（入り江、湾）方式があります。

これに関して思い出すことがあります。日本では一般的にベイと呼んでいましたが、アメリカに行ったとき、ベイ方式といっても相手に通じずfinger wall（フィンガーウォール）と呼ぶと教えてもらい、「なるほど」と思ったことがありました。

なぜ黄色の照明？　なぜ家庭騒動が起きた？

リソグラフィエリアはフォトレジストの感光を防ぐため黄色の照明が使われています。クリーンルームに入るには、着替えスペースで手を洗い、エアタオルで乾燥させてから防塵服、マスク、手袋を着用し、専用の導電性靴を履き、頭のてっぺんからつま先まで完全防備します。クリーンスーツもいろいろなものがあり、なかには宇宙服のように頭部を含めすっぽり覆うタイプもあります。海岸に近い工場などでは、塩害を避けるためクリーンルーム入室前にシャワーを浴び、専用下着を着用してから防塵服を着るそうですが、「そのまま帰宅して家庭騒動になった」という笑えない話も聞いたことがあります。

クリーンルームの清浄度を表わす国際標準規格（ＩＳＯ）が定められていて、例えばクラス１は粒径０・１マイクロメートルのパーティクルが10個／㎥以下、クラス２は同１００個／㎥以下などとなっています。またクリーンルームは通常、温度23±３℃、湿度45＋15％程度に制御され、中央管理室で常時モニターされています。

さて、準備が終わるといよいよ入室です。まずクリーンルームに通じるエアシャワー室に入りましょう。ボタンを押すと入口の扉が開き、中に入ると自動的にドアが閉まります。少しするとエアシャワーが天井と左右両サイドから吹き出します。エアシャワーを浴びているときは、手で全身を軽く叩きながら、ゆっくり2〜3回、身体を回転させ、防塵服に付着したゴミ、塵、埃を落とします。発生したゴミ、塵、埃はエアーと一緒に床面のグレーチングから排出されます。

一定時間が経つと、エアシャワーが自動的に止まり、クリーンルームへの入口が開きます。一歩中に入ると、そこには、ＩＣを製造する特別な世界が拓けています。

8-4 前工程——製造工程❷

ＩＣの製造は「シリコンウエハー」からスタートします。シリコンウエハーは、信越化学工業、ＳＵＭＣＯ（サムコ：日本）などのウエハーメーカーから購入します。現在、半導体の量産で使われているサイズは口径が３００ミリ（12インチ）のウエハーです。

ウエハーの基本仕様（厚さ７７５マイクロメートル、面取り、ノッチなど）は標準化されていますが、半導体メーカー（インテルなどのＩＤＭ）がつくるＩＣの種類によって、ウエハーの面方位、Ｐ型／Ｎ型、抵抗率などの違いがあります。

■成膜工程

成膜工程では、つくるべきＩＣに応じて必要な特性をもったシリコンウエハー上に、いろいろな種類の薄膜を成長させます。

薄膜の主な種類は、**絶縁膜**としては二酸化シリコン膜、シリコン窒化膜、シリコン酸窒化膜、酸化ハフニウム膜（ハフニア膜）、アルミナ膜などがあります。また、**金属膜**としてはアルミニウム膜、タングステン膜、銅膜などがあり、**シリサイド膜**としてはタングステンシリサイド膜、チタンシリサイド膜、ニッケルシリサイド膜などがあります。シリサイド膜は、シリコンや多結晶シリコンを低抵抗化するため、金属とシリコンを熱により反応させてシリサイドを形成する役割があります。**窒化金属膜**としては窒化チタン膜、窒化タンタル膜などがあります。

また成膜法としては、熱酸化法、ＣＶＤ法（化学気相成長）、スパッタリング法、ＡＬＤ法（原子層堆積）、メッキ法などさまざまな方法があります。

なかでも**熱酸化法**は、シリコンウエハーを高温の酸化炉に入れ、酸素ガスやスチームの雰囲気中でシリコンと酸素の化学反応により、二酸化シリコン膜を成長させます。二酸化シリコン膜は非常に優れた絶縁膜であると同時に、シリコンとの間で電気的に安定な界面を形成することが、シリコン半導体材料としての大きな利点の一つとなっています。

CVD法は、シリコンウエハーを反応器（チャンバー）に入れ、成長させる薄膜の種類に応じた原料をガス状態でチャンバーに導入し、化学触媒反応を利用して薄膜をウエハー上に堆積させます。触媒反応に必要なエネルギーの違いによって熱ＣＶＤ、プラズマＣＶＤ（ＰＣＶＤ）に大別されます。ＣＶＤ法では各種絶縁膜やタングステン膜（金属膜）、窒化チタン膜（窒化金属膜）などの薄膜を形成します。

スパッタリング法は、高真空中で成膜材料からなるターゲットと呼ばれる円盤に、高エネルギーのアルゴン原子をぶつけ（これがスパッタの意味）、アルゴン原子に叩かれて飛び出してくる（反跳《はんちょう》）原子をウエハー表面に付着させることで成膜します。スパッタ法では、金属膜としてアルミニウム膜、タングステン膜、窒化金属膜として窒化チタン膜、窒化タンタル膜などの薄膜が形成されます。

ＡＬＤ法（原子層堆積）では、シリコンウエハーを入れたチャンバー内に複数の原料ガス（プリカーサー）の供給と排気を短時間で繰り返すことで、１原子層ずつ必要な組成をもった薄膜を堆積します。ＡＬＤ法は反応を起こさせるエネルギーの違いにより、熱ＡＬＤとプラズマＡＬＤの違いがあります。ゲート絶縁膜としての酸化ハフニウム膜（ハフニア膜）や、容量膜（ＤＲＡＭなどでキャパシタの容量を増加させるための絶縁膜）としての酸化アルミニウム膜はＡＬＤ法により形成されます。

メッキ法では、銅の膜（他の薄膜に比べて比較的厚い膜）を電界メッキにより形成します。その後、ＣＭＰ（化学的機械的研磨）を用いた**ダマシン法**により銅配線形成（シングルダマシン）や、ビア同時埋め込み（デュアルダマシン）などが行なわれます。

■リソグラフィ工程

シリコンウエハー上に形成された薄膜にパターニング（形状加工）を施すのがリソグラフィ工程（写真蝕刻《しょっこく》）です。この工程では、まずウエハー上面に**フォトレジスト**と呼ばれる感光性樹脂を塗布機（コーター）で薄く塗布します。フォトレジストには、光が当たった部分のパターンが現像処理で除去されるポジ型と、逆に光が当たった部分が残るネガ型があります。**フォトレジスト**は、露光の光源の違い（g線、i線、KrFエキシマレーザー、ArFエキシマレーザー、ＥＵＶ）に応じてさまざまなタイプのものがあります。フォトレジストが塗布されたシリコンウエハーは、露光機を用い、フォトマスク（レチクル）を通して5分の1などに縮小露光されます。このため露光機は縮小投影露光装置と呼ばれることもあります。

露光機には**ステッパー**と**スキャナー**と呼ばれる二つのタイプがあることはすでに述べてきた通りです。ステッパーはウエハーだけをスキャン露光するのに対し、スキャナーではウエハーとレチクル（マスク）の両方をスキャンします。また、スキャナーのほうが収差の少ないスリット状のレンズ部を使えるため、より広い露光フィールドが確保できること、ひいてはより大きな面積のチップを露光できること、より高い解像度が得られることなど、多数の利点により、装置そのものはステッパーに比べ高額になりますが、広く採用されています。

いっぽう**EUV露光**では、光源の波長が短く吸収が多いため透過型マスクは使えませんので、先に述べたようなシリコンとモリブデンを何十層も重ねた反射型マスクが用いられます。露光されたシリコンウエハーは**現像機**（デベロッパー）を用い、現像液に晒してマスクパターンを縮小したパターンをフォトレジストに転写します。

■エッチング工程

エッチングとは化学反応を利用し、材料薄膜の一部を除去することで、「その形状を加工する工程」のことです。エッチングには、ウエットエッチング（湿式エッチング）とドライエッチング（乾式エッチング）の二つがあります。

ウエットエッチングは、溶融作用をもつエッチング液（ウエットエッチャー）にウエハーを浸け、不要部分を溶かすもので、材料薄膜に合わせて適切な薬液を選び、材料薄膜を部分的にあるいは全面を除去します。

このウェットエッチングが液体を使うのに対して、**ドライエッチング**はガス（気体）を使います。まず、エッチング装置（ドライエッチャー）を用い、エッチングすべき材料薄膜に応じて適切なエッチングガス（気体）を選び、誘導結合プラズマなどのエネルギーでエッチングガスを励起します。そして、フォトマスクに覆われていない部分の材料薄膜を部分的に除去することで、レジストパターンを薄膜に転写します。ウェットエッチングに比べ高精度な加工が可能ですが、装置としては高価格化します。

ドライエッチングに分類される一つに、ＲＩＥ（Reactive Ion Etching）があります。この方法では、エッチングすべき材料薄膜に対して反応性を有するガスを生成し、シリコンウエハーにバイアスをかけてプラズマ中の反応性イオンをウエハー表面に引き込み、エッチング反応を促進します。ＲＩＥを用いることで異方性の強いエッチングが可能になり、下地材料パターンの側面に薄いサイドウォール（側壁）を残すこともできます。

ドライエッチングは、薄膜材料とエッチングガスの化学反応により揮発性の生成物を発生させ、それを排気除去することで行なわれますが、どんなガスを用いてどんなエネルギー強度でエッチングすべきか、エッチング速度やエッチング形状、フォトレジストなどマスク材料との選択比、エッチングダメージや帯電量などを総合的に考慮して決められます。

ちなみに半導体の製造装置の中では、これまでは高価な露光装置の市場規模が一番大きかったのですが、近年、ドライエッチャーの市場規模が露光装置を抜いてトップを占めるようになりました。この推移からも推し量れるように、プロセスの複雑化によってドライエッチングの工程が増え、重要性が増してきているといえます。

■不純物添加工程

シリコンウエハーの全面あるいはマスクを用いてウエハー表面の一部に、Ｐ型（ボロン）や

N型（リンやヒ素）の導電型不純物を添加する工程が**不純物添加工程**です。導電型不純物を添加することはドーピングとも呼ばれます。またドーピングは、ウエハー上に形成した多結晶シリコンをP型あるいはN型にするためや抵抗値を変化させるためにも利用されます。不純物の添加法には、熱拡散法とイオン注入法があります。

まず**熱拡散法**ですが、これは、シリコンウエハーを高温の拡散炉に入れて加熱し、導電型不純物を含むガスを流し、拡散現象を利用して不純物をシリコンウエハー表面部に添加するものです。添加量は温度、ガス流量、拡散時間によってコントロールします。

もう一つの**イオン注入法**は、イオン注入機により行なわれます。ボロン、リン、ヒ素などの注入種などを含むガスをアーク放電によりイオン化し、これを電界加速したあと、磁界を用いた質量分析器で注入種と荷電種（何価のイオンか）を選択し、加速して打ち込みます。イオン注入法は熱拡散法に比べ、フォトレジストマスクを使えることや、不純物の濃度やプロファイルを正確に制御できるなどの利点があります。

イオン注入法では、打ち込みイオンによる帯電で、ウエハー上の素子が静電破壊されるのを防ぐため、エレクトロンシャワーで打ち込み直前でイオンを中性化しています。

■熱処理工程

シリコンウエハーを窒素ガス、アルゴンガス、水素ガスやフォーミングガス（窒素ガスと水素ガスの混合ガス）などのガス雰囲気中で高温処理することを**熱処理**と呼びます。熱処理には**熱処理炉**を用いる方法と、**ランプアニール法**の二つがあります。

ランプアニール法では、赤外線ランプを並べたチャンバー内にシリコンウエハーを置き、瞬時に通電／遮断することで昇降温し、短時間熱処理を行ないます。

熱処理炉を用いる方法は、導電型不純物の押し込み（プロファイルの再分布）、イオン注入不純物の電気特性活性化、シリコンと二酸化シリコンの界面安定化、メタルとシリコンのオーミックコンタクトを得るためのアロイ（焼結：シンター）などに用いられます。

■平坦化工程

ＩＣの素子構造が複雑になり、また微細化が進むにつれ、特にロジック系ＩＣでは集積度と性能の向上のため多層配線の総数が増加傾向にあります。このためチップ表面の凹凸が増え、表面段差が大きくなります。すると薄膜形成時に段差部での被覆性（ステップカバレッジ）が悪くなり、結果として、その上を通る金属配線の断線や薄膜化、配線間の絶縁不良によるショートなどが発生しやすくなります。また、露光時に焦点が部分的に合わなくなり、微細パターンの忠実で正確な形成がむずかしくなる問題が生じます。

これらの問題に対処するため開発・実用化されたのが**ＣＭＰ**（化学的機械的研磨）による**完全平坦化法**です。ＣＭＰ法では砥粒《とりゅう》を含んだ研磨液（スラリー）をウエハー表面に流しながらウエハー表面を研磨パッドに接触させ研磨します。この際、化学的反応（Chemical）と機械的反応（Mechanical）が研磨に貢献しているため、ＣＭＰ（Chemical Mechanical Polishing）の名前が付いています。またＣＭＰでは、研磨パッドの「へたり」を回復させるため、コンディショナーによる「目立」で研磨状態を一定に保ちます。

ＣＭＰプロセスは絶縁膜系と配線系に大きく分けられますが、絶縁膜系は浅い溝分離（ＳＴＩ）や多層配線層間膜の平坦化に、また配線系ではコンタクトホールや層間スルーホール（ビアホール）のタングステン埋め込みや、メッキで形成した比較的厚い銅膜の**シングルダマシン**法による銅埋め込み配線、あるいは**デュアルダマシン**法による銅配線と銅によるビアホール同時埋め込みに利用されています。なお、ダマシン（damascene）とは、シリアのダマスカスが発祥とされる象嵌細工《ぞうがんざいく》のことを意味します。

ＣＭＰ法の開発により、配線形成プロセスがモジュール化され、基本的にこのモジュールを繰り返し適用することで配線の多層化が可能になりました。

■洗浄・リンス・乾燥——何度も繰り返す

ＩＣの製造では、パーティクル（微粒子のごみ）や微量不純物の存在は、ＩＣの特性や信頼性さらに歩留まりの大きな障害になります。もともとＩＣを製造する場合は、**クリーンルーム**と呼ばれる清浄な環境で行なわれ、パーティクルや不純物の持ち込みなどが極めて少なくなるように工夫されています。それでもウエハーの保管、搬送、ハンドリングなどで微量な汚染に晒されることを完全に防ぐことはできません。

それ以上に、製造プロセスでの装置そのもの、あるいはプロセス反応の結果として、何らかの汚染がウエハーに付着するため、プロセス工程間には常に「洗浄工程」を入れてウエハーをきれいな状態にしてから次のプロセスを行なう必要があります。

洗浄で最も一般的なのは、薬液による**ウエット洗浄**です。ウエット洗浄液にもいくつかの種類があり、汚染の種類によって除去効果が異なりますが、多くは、酸、過酸化水素、水酸化アンモニア、フッ化アンモニア、純水などの混合液が使用されています。

洗浄が終わったウエハーは、純水でリンス後、スピンドライ法（遠心力を利用して水を飛ばす方法）や**IPA**（イソプロピルアルコール）を用いて乾燥されます。

ＩＰＡ乾燥が導入されたのは次のような理由がありました。それは、ＩＣ製造プロセスで多結晶シリコンを成膜した後に純水で洗浄しスピンドライ法で乾燥すると、ウォーターマークと呼ばれるごく薄い酸化膜が多結晶シリコン表面に部分的に形成され、それが多結晶シリコンをドライエッチングするときのマスクのようになって、エッチングがうまくできないことがあったのです。これを避けるため、ＩＰＡ乾燥が導入された経緯があります。ＩＰＡ洗浄には、マランゴニー洗浄やロタゴニー洗浄と呼ばれる方法もあります。

製造前工程では、以上述べた「成膜、リソグラフィ、エッチング、不純物添加、平坦化」の五つの工程を何度も何度も繰り返すことで、1層また1層と積み重ねていきます。こうした幾重にも積み重ねをすることで、３次元構造をもったＩＣをつくり上げるのです。

■超純水、ガス、薬液、クリーンルーム、ウエハー搬送、CIM

次に半導体工場の外回りの施設（ファシリティ棟）やクリーンルーム内のシリコンウエハーの搬送、コンピュータによる統合生産など、関連事項について説明を加えておきます。

ＩＣの製造前工程では、ウエハーの洗浄やリンスなどに大量の水を用います。マスコミなどで、「○○県の××に新しい半導体工場を建設予定」などとニュースが流されるとき、「近くに豊富な水資源があるため」などと報じられることにお気づきでしょうか。

ＩＣの製造に利用される水は、超純水と呼ばれる極度に純度化された水です。不純物をまったく含まない水の理論抵抗値は18・24（ＭΩ・cm）とされていますが、ＩＣ製造ラインではこれに近い超純水が用いられています。

超純水は次のようなプロセスを経て、半導体工場に供給されています。すなわち、前処理で除濁した工業用水や河川水に逆浸透膜による不純物除去、あるいはイオン交換樹脂による金属イオンの除去、真空脱気による酸素除去、紫外線による有機物の分解などを繰り返し行なうという工程です。こうして最終的にフィルタリングを行なってから使用場所（半導体工場）に供給されます。ですから、工場がそれら河川に近いほうが有利なわけです。

ガスも高純度なもの（高純度ガス）が使われます。ＩＣの製造に使われる窒素、酸素、水素、アルゴンなどの**高純度ガス**は、工場内のガスプラントから供給されます。窒素ガスに関しては工場内の窒素ガス製造プラント（オンサイトプラント）によって空気から液化精留されることもありますが、それ以外のガスはボンベ（単体またはボンベ室）で供給されます。

薬液も高純度なもの（高純度薬液）が使用されます。使用量が多い重要なものは工場内タンクから給液されます。例えば、硫酸、フッ酸、塩酸、硝酸、リン酸、アンモニア、過酸化水素、ＩＰＡ（イソプロピルアルコール）、ＭＥＫ（メチルエチルケトン）などです。

ＩＣは微細な構造をもち、微量な不純物などにも非常に敏感なデバイスなので、ＩＣの製造ラインも極度に清浄度の高い環境でなければなりません。このためＩＣを実際につくるスペースは**クリーンルーム**と呼ばれます。

クリーンルームは、清浄度を維持するため、天井のフィルターを通して、導電性を有する網目状の床に向かってダウンフローの空気を絶えず流しています。特に高清浄度が必要なエリアではダウンフローの流速を上げています。

クリーンルームの清浄度はクラス表示されますが、ＩＳＯ規格では1立法メートル中に0・1マイクロメートル以上の粒子数がn個あるとすれば、「クラス＝$\log_{10}n$」で表わせます。例えばn＝100ならばクラス2となります。半導体用クリーンルームは通常クラスの場合で3～5になっています。またクリーンルームは通常、温度は23±3℃、湿度45±15％程度に制御され、中央管理室で常時モニターされています。

クリーンルーム内でのシリコンウエハーの**工程間搬送**には、リニアモーター駆動のループ型天井搬送、床搬送のＡＧＶ（Auto Guided Vehicle）や無軌道無線ロボットなどが利用されています。クリーンルーム内のＩＣの生産制御、品質管理、生産管理などにはＣＩＭ（コンピュータによる統合生産）が利用されています。

生産制御は、ラインを流れる全ＩＣの全製造工程に関して、使用する製造装置への作業条件指示や、作業後の実績報告、さらにはある工程から次の工程への搬送指示などを行ないます。

品質管理は、日々定常的に管理すべき項目に関する日常管理、傾向管理、統計解析などが含まれます。このうち傾向管理は**ＳＰＣ**（統計的プロセス制御）と呼ばれ、測定項目の管理限界（上限と下限）外れや、中心値からのバラツキ、ある種の傾向（例えば連続的な右上がり／右下がり、以前の状態、例えば1週間前や1か月前に比べての違いなど）や同プロセスでも同じ仕様の装置が複数台あるので号機による違い（号機差）なども検出し、管理限界オーバーの予知保全などに基づいて、ロットをストップする、あるいはアラームを発して注意喚起を促すとともに、原因追及や対策を行なうことに利用されています。

■ウエハー・プローブ検査と冗長度

前工程が終わり、完成したシリコンウエハーはその後、ウエハー上につくり込まれた1個1個のチップに対し、良・不良を判定します。それが**ウエハー・プローブ検査工程**です。

この工程ではチップ上のボンディングパッド（外部電極引き出し用のパッド）の配置に合わせて探針（プローブ）を配置したカード（プローブカード）を準備しプローバに設置し、各探針を対応するチップのボンディングパッドにそれぞれ接触させます。

プローバは電気的特性を測る測定機（テスター）に接続されていて、テスターからプローブカードの探針を通して電源、グラウンド、各入力端子信号をチップに送り、返ってきた出力信号があらかじめプログラムされている信号と合致しているか否かによって、チップの良・不良を判定します。

こうして1個のチップの測定が終わると、次のチップにプローバがプローブカードを移動させて測定を行ないます。これを繰り返すことで、ウエハー上の全チップの良・不良を判定し、不良チップにはマーキングを行なって良品チップと区別します。

DRAMなどのメモリでは、もともとチップ内に製品仕様としての記憶容量（ビット数）に相当するメモリセル数に加え、余分なメモリセルと、それに切り替え用のフューズが設けられていて、ウエハー・プローブ検査で不良と判定されたチップが余分なセルに切り替え可能か否か判断し、もし可能ならレーザートリマーと呼ばれる装置を使い、レーザーでフューズを切断して置き換えます。このように工夫された手法は**冗長度**（**リダンダンシー**）と呼ばれます。

このウエハー・プローブ検査でメモリでは、リダンダンシーを用いることでかなりの数のチップが良品として救済されますが、リダンダンシーとして余分なメモリセルが多くなり、その分、チップ面積は増大します。そこで、歩留まりを予測して最適リダンダンシーセル数を求めることが必要になります。

このウエハー・プローブ検査までが、半導体製造工程での「前工程」です。

8-5 後工程——製造工程❸

ここから半導体生産の「後工程」に入ります。ＯＳＡＴ企業が主に担当している工程で、その主な仕事は組立（パッケージング）と検査です。

■ダイシング

ウエハー・プローブ検査が終わったシリコンウエハーは、次に**後工程**へと回されます。この後工程の最初にくるのが**裏面研削**（バックグラインディング）で、ウエハーを３００ミクロンぐらいに薄くして切り分けやすくします。

その後、ウエハーはチップ周辺に設けられたスクライブ線と呼ばれる切り代に沿って、ダイサー（ダイヤモンドソー）により縦・横にカットされ、1個1個のチップに切り分けられます。ダイサーは、人間の髪の毛を縦方向に35本に切り分けられる精度をもっています。ダイシングは「ペレットにする」という意味で、ペレタイジングと呼ばれることもあります。

パッケージング

ダイシングで切り分けられた良品チップは、1個1個パッケージ（ＩＣ搭載用のケース）に載せて固着します。これが**マウント**（ダイボンディングとも呼ばれる）工程です。マウントにはマウンターと呼ばれる機械を用い、金シリコン共晶反応や銀ペーストなどを利用して、パッケージのアイランド部に固着します。

ＩＣのパッケージング法にはさまざまなタイプがあります。セラミックや樹脂（モールド）などの材料、ＩＣのリード本数、リードの形状などによって異なってきます。以下では、パッケージの代表例として**モールド・パッケージ**について説明します。

まず、リードフレームのアイランド部にチップをマウントした後、ＩＣチップ上の外部電極引き出し用のボンディングパッドとリードフレームのリード電極を一つずつ金細線などで接続します。この工程を**ワイヤーボンディング**（装置は**ワイヤーボンダー**）と呼んでいます。

ワイヤーボンディングの作業を終えたＩＣチップは、外部との物理的接触や汚染の防止、またハンドリングのしやすさのため、**封止**（封入）されます。

金型を使った**トランスファーモールド法**による封止では、ワイヤーボンディング済みのリードフレームをモールド金型にセットし、予備加熱した樹脂タブレットを金型に投入し、プランジャー（ピストン）で加圧し、流動化した樹脂を移送し、樹脂が熱硬化するまで固め、成形されたモールド・パッケージを取り出します。

こうして封入が終わったモールドＩＣは、タイバー（リードフレームのリード間を結合している部分）を切断した後、外部リードにはみ出している樹脂（樹脂バリ）を高圧水で剥離除去します。ＩＣの外部リードは、曲げなどの機械的強度やプリント基板への実装時のハンダ付け性を向上させるためや錆びやすさを防ぐために**ハンダメッキ**されます。

その後、モールド樹脂表面に社名、製品名などをレーザーで捺印し、リード先端を切断してＩＣを分離します。これがパソコンや家電で見かける「ゲジゲジチップ」です。

■信頼性試験とスクリーニング

こうして形も整った半導体ＩＣですが、このＩＣを「製品」として市場に出すにあたっては、さまざまな信頼性試験やスクリーニング（選別）をパスしなければなりません。ここでいう**信頼性**とは「部品やシステムが既定の条件下で、意図する期間中、その機能を正しく遂行する能力」と定義されています。

ＩＣでは信頼性の定量的尺度として、故障率（λ：ラムダ）が用いられますが、ラムダとは「ある時点で正常に動作していたＩＣが、それに続く使用単位時間内に故障を引き起こす割合」

のことで、単位は**ＦＩＴ**（Failure In Time：フィット＝10^{-9}／時）です。

一般的にＩＣの故障率は動作時間に対し、いわば浴槽型の故障曲線（バスタブ型のカーブ）になりますが、一般的な目標値としては３００ＦＩＴ、常用故障率で１００ＦＩＴ程度ですが、自動車用や安全に係る装置などに搭載する場合は、さらに厳しい数値が課せられます。

ＩＣの信頼性試験は故障が発生するまでの時間（寿命）を把握するための試験です。例えば１００ＦＩＴを保証するには、１万個のＩＣを使って１０００時間（１・４か月）の試験が必要で、そうなるとＩＣの個数や測定にかかる時間も膨大となり、コスト面でも大きな負担です。そこで対象となるＩＣの通常の使用条件（電圧や電流、温度など）よりも厳しくして「通常の使用条件下での寿命」を見積もる方式が取られています。これを**加速試験**と呼んでいます。

信頼性試験をクリアしたＩＣは、製品仕様に則して各種特性を検査され、最終的な良品・不良品の選別（**スクリーニング**）が行なわれ、最終的に良品と判定されたＩＣは入庫されます。

以上、ＩＣの製造工程に関して説明しましたが、投資レベルでは前工程85％、後工程が15％の比重といわれています。それだけ前工程が占める割合が大きいといえますが、今後チップレットなどの進展に伴い、従来の前工程と後工程の区別が曖昧化し、中工程が出現するとの話もあり、そうなると、これらの工程間の比重が大きく変化してくるかもしれません。

コラム　ＩＣの「製造歩留まり」について

製造業では、投入した原材料に対し得られた製品の割合は「**歩留まり**（Yield）」と呼ばれ、製品コストや生産量に直接影響する重要なファクターです。

ＩＣの製造においても同様で、歩留まりは非常に重要です。ただ、他の業種とは多少異なる点があります。それは、ＩＣのでき栄えには、製造工程の各ステップにおける機械的、物理的、化学的、物性的、電気的な現象における不可避的な「揺らぎ」に起因する確率的・統計的なバラツキ要因が入り込むのを完全には避けられないということです。

なぜかといえば、ＩＣは微小欠陥や微量不純物に非常に敏感だからです。ＩＣの歩留まりは工程ごとに論じることができます。例えば、あるラインにＡ枚のシリコンウエハーを投入し、前工程が終わった時点でＢ枚の完成ウエハーが得られれば、

前工程の歩留まり＝（B/A）×100%

と計算できます。

また１個ずつに切り分けたＣ個の良品チップをパッケージングし、各種検査や信頼性試験を

経てD個の最終製品が得られたとすれば、

後工程の歩留まりは（D/C）×100%

となります。

これらの歩留まりを上げることはもちろん重要ですが、完成したシリコンウエハー上に搭載されているチップの中で何個が良品となるかを示す**ウエハー・プローブ検査歩留まり**は、ICの製造コストに大きく影響するだけでなく、設計から製造プロセス・装置・材料・管理などを含めた総合的な指標として非常に重要な歩留まりです。

一般にこの歩留まり（Y）は、設計面を除けば、ゴミ・傷・汚れやプロセス誘起欠陥に起因する欠陥密度で決まる良品確率（P）と、1枚のシリコンウエハー上につくり込まれている有効チップ数（N）で決まり、

ウエハー・プローブ検査歩留まり（Y）＝P×N

で表わされます。

したがって、高いウエハー・プローブ検査歩留まりを得るには、いかに微細な寸法で設計し、チップ面積を小さくし、1枚のシリコンウエハー上に載るチップ数を増やすか、そのためにいかにクリーンな環境と優れた管理下で製造するかが重要になります。

第9章

半導体産業の今後と日本の立ち位置

9-1 半導体の技術展望と課題

本書の最後として、日本の半導体産業が今後どのように推移するのか、ＴＳＭＣの日本進出、ラピダスの課題、アメリカの思惑などさまざまな課題も含め、半導体産業の全体を俯瞰することで、本書のまとめとしたいと思います。すでに８章までに触れてきたことと重複する部分もありますが、ご理解いただければ幸いです。

■２ナノ以降に必要とされる技術とは？

先端のロジックやメモリ（ＤＲＡＭ、フラッシュ）で、２ナノメートル（$nm=10^{-9}m$）以降のプロセスノードに対応して必要と考えられる技術をいくつかあげてみましょう。

まず、微細化をさらに推進するための露光技術としては**高ＮＡ－ＥＵＶ露光装置**（ＮＡは開口数を表わす）があります。現状のＥＵＶ露光装置はＮＡ（開口数）が０・３〜０・３３ですが、最終的には０・７超が必要でしょう。最近０・５５の試作機がインテルに納入されました。

さらにこの高NA−EUVでダブルパターニングなどを利用しながら、さらなる微細化が行なわれるでしょう。

また最近のニュースとして、キヤノンが5ナノ・ノード対応の**ナノインプリント装置**の実用化を発表していて、もし順調に量産に乗れれば、これからのリソグラフィ技術に大きなインパクトを与えるでしょう。コスト面やパターンエッジのシャープさに特徴がある技術です。

FINFET（フィンフェット）に代わる新しいトランジスタとしてのGAA（Gate All Around）やCFET（Complementary Field Effect Transistor）用のシート状チャンネル材料として、貼り合わせによる単結晶シリコンの他、ゲルマニウム（Ge）、化合物半導体（GaNなど）、ダイカルコゲナイドなどで、**ナノシート・マテリアル**や**アトミックチャンネル・マテリアル**とも呼ばれることがあります。

配線材料としては、現状の銅に代わって、モリブデン、**コバルト**や**ルテニウム**、カーボンナノチューブ、さらに銅とカーボンナノチューブの混合材などが有望視されています。これらの中でもモリブデンは、薄膜化したときの平均自由行程がデバイス寸法と同等になるため、抵抗を低くでき、絶縁膜への浸透が少ないので下地ライナー（窒化チタン、窒化タンタル、窒化タングステンなど）なしで直接形成可能なことなど、有望視する向きもあります。

また電源線やグラウンド線に関しては**裏面供給**、すなわちシリコンチップの裏側に配置配線し、シリコン貫通電極（ＴＳＶ）などを用いて表面側のデバイスと接続する技術です。

これらの技術は少なくともコンセプトとしては視野に入っているものですが、まったく新規な技術が現れ、いきなり本命になる可能性も否定できませんので、関連メーカーや研究機関などは鋭意、他の研究開発にも取り組んでいます。

３Ｄ（３次元）積層化技術に関しては、ＮＡＮＤフラッシュメモリで現在３００層が実現されていますが、さらなる多層化の傾向は続き、１０００層を超える時代も来るでしょう。またＤＲＡＭに関して３Ｄ化はあまり進んでいないものの、今後は多層化技術の開発、実用化が進められると考えます。

■究極のトランジスタ構造？ GAA、CFET

現在、最先端のロジックＩＣで用いられているトランジスタはＦＩＮＦＥＴで、魚の背びれのような形（フィン）をしていることからこのように呼ばれています。
FINFETが従来のプレーナ型ＭＯＳＦＥＴ（平面型ＭＯＳ電界効果型トランジスタ）と基本的に異なっているのは、トランジスタの電流を流す部分（チャンネルと呼ばれる）が従来のプレーナ型ＭＯＳＦＥＴでは平面だったのに対し、ＦＩＮＦＥＴはゲート電極がフィンを下にコの字に囲んでいるため、フィンの上面と両側面に電流が流せるので、同じ寸法の基準で設

■図9-1-1　MOSトランジスタ構造の変遷と今後

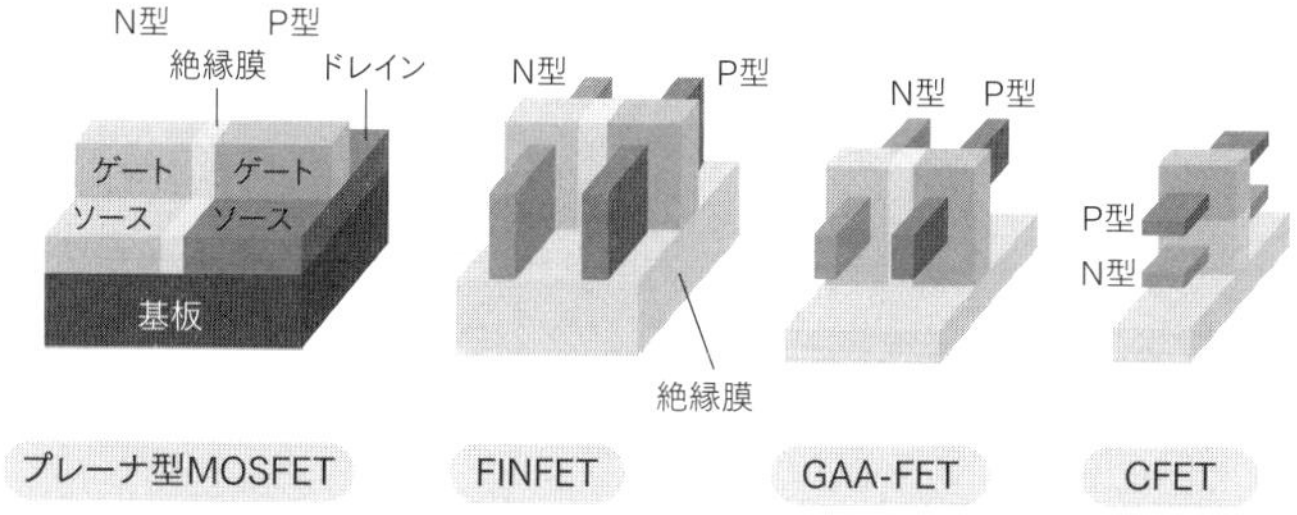

計した場合、ＦＩＮＦＥＴのほうがＭＯＳＦＥＴよりも電流を多く流せます（言い換えれば電流の駆動能力が上がります）。

　ＦＩＮＦＥＴは22ナノのノード世代から採用されていますが、今後３ナノ、２ナノ、１ナノと微細化が進むに連れ、トランジスタ構造はどのように進化していくのでしょうか。大方の見方に従えば、２ナノのノードからはＧＡＡ（Gate All Around）、１ナノからはＣＦＥＴ（Complementary FET）になるのではないか、と思われます。

　GAAはGate All Aroundという名の通り、ゲート電極が薄いシート上のチャンネルを一周ぐるりと囲んでいる構造です。**CFET**はＧＡＡ構造のＰチャンネルトランジスタとＮチャンネルトランジスタが縦にペアになって配置された構造になっています。このような構造にすることで、電流駆動能力をさらに上げ、リーク電流も低く抑えられるメリットがあります。

　ただし、ＧＡＡにせよＣＦＥＴにせよ、チャンネル構成材料として何を用いるか、チャンネルを薄いシート状にしても電子や正孔の高い移動度を確保できるか、ゲート電圧をかけない状態ではトランジスタがオフする状態（エンハンスメントと呼ばれる）を実現できるか、などが課題になります。

そのようなチャンネル材料開発とプロセス開発が求められますが、基本的構造としてはＧＡＡ、さらにＣＦＥＴが究極のトランジスタになるのではないか、と筆者は感じています。

■チップレットは半導体のゲーム・チェンジャーになるか？

多機能・高機能・高性能の回路構成を一つのシステムとして見た場合、それを実現する方法としてＳＩＰ（System In Package）とＳＯＣ（System On a Chip）と呼ばれる方法があります。**SIP**はシステムを構成する複数のＩＣチップを1個のパッケージ上に搭載し、それらを外部配線（ワイヤーボンディングなど）によって相互接続し、全体として一つのシステムを実現する方法です。

それに対し、**SOC**は1個のチップ上に複数の機能回路ブロックを搭載することで、チップそのもので一つのシステムを構成する方法です。

ＳＯＣが可能になったのは、半導体の設計と製造の技術進歩により、1個の大きな面積のチップの上にさまざまな機能をもった回路を多数集積できるようになったためです。

最近、半導体で話題に上がることが多くなっている技術に**チップレット**（chiplet）と呼ばれるものがあります。チップレットによりシステムを構成する方法は、ＳＩＰからＳＯＣに発展してきた延長線上にある技術ともいえるでしょう。チップレットは、小さなチップという意味ですが、基板上に搭載されたさまざまな機能をもった複数のチップを、シリコンインターポーザーと呼ばれる半導体製造の前工程技術を利用してシリコンで作製した、いわば接続用チップで、さまざまな回路チップを相互接続することによりつくられます。

チップレットにすることで、技術ノードの異なるチップや、異種の機能をもったチップの搭載も可能になります。また、より複雑化・大面積化するＳＯＣに比べ、コストの低減や開発期間の短縮効果も期待されます。

チップレットはいわば、後で述べるモア・ムーアとモアザン・ムーアの融合化、半導体製造の前工程技術と後工程技術の融合化とも受け取ることができるでしょう。

インテルは最近、複数チップレットを搭載するガラス基板を用いた大規模半導体パッケージ技術の開発を発表しました。この技術は将来のデータセンターやＡＩ処理などに有効と考えられます。

今後チップレットが普及拡大していけば、半導体業界の構造そのものに影響するゲーム・チェンジャーになる可能性も考えられます。例えば、現在のＩＤＭ、ファウンドリー、ＯＳＡＴ

の区別がなくなり、すべての工程を一貫してこなす「新ＩＤＭ」とも呼ぶべき業界の出現なども考えられるかもしれません。

そのときの最終的な勝者は、現在の巨大ＩＤＭ（インテル、サムスン……）なのか、巨大ファウンドリー（ＴＳＭＣ）なのか、ＯＳＡＴ（ＡＳＥ、Amkor）なのか、ファブレスの大手（エヌビディア、クアルコム、ＡＭＤ……）なのか、はたまた巨大ＩＴ企業（ＧＡＦＡＭ）にエヌビディアとテスラの2社を加えたＭ7（Magnificent Seven：マグニフィセント・セブン）なのか、あるいはまったく新規のメーカーが出現してくるのか、興味は尽きません。

9-2 半導体市場の今後を占う

■直近の半導体市場動向

２０２０年春から顕在化した半導体不足は、２０２２年中頃から徐々に緩和傾向に転じ、２０２３年に入ると車載用や産業機器用などの半導体の一部の分野を除いて、むしろモノ余りの状況を呈するようになってきました。特にメモリ分野では不足時の在庫積み増しなどの影響もあって、ＤＲＡＭやフラッシュメモリのメーカーは軒並み業績が悪化し、大量リストラに踏み切らなければならない苦しい状況に追い込まれています。

２０２４年の現時点（３月）では、車載用や産業機器分野でも、半導体不足はほぼ解消されつつある状況です。このように極端なモノ不足からモノ余りに転じた半導体市場の直近の動向はどうなるのでしょうか？

さまざまな見方があるでしょうが、筆者としては２０２４年中頃、遅くても年末までには市況が回復し活性化するのではないかと考えています。これに関連し、一部で「２０２４年問題」が囁《ささや》かれています。これは２０２０年からの半導体不足を経験した半導体メーカーが、揃って新設・増設に着手した生産工場が２０２４年からいっせいに稼働し始めるため、現状のモノ余りに対するマインドにも影響されて、供給が需要を大幅に上回り極端な値崩れが生じるのではないかという問題（問題意識）です。

筆者は、あくまで個人的な感覚として、現在世界中で行なわれている狂騒曲にも似た工場新設の結果、これらの本格的な稼働が２０２６年頃から始まるため、２０２６年問題が起きるのではという懸念を少し感じています。そのようなことが起きないよう、半導体のアプリケーションが広がり増加することを願っています。

■市場を牽引するアプリ分野はどこ？

２０２１年時点における半導体が使われている分野別シェアは（矢野経済研究所のデータによる）、ＰＣ／コンピュータが32％、通信関連が31％、車載が12％、消費者向け12％、工業生産12％、他１％となっています。

いっぽう、半導体市場そのものの今後の拡大はほぼ確実として、それぞれの分野での半導体使用の絶対値は伸びていくでしょうが、分野別の比率にはそれほど大きな変化がないのではと考えます。またアプリケーション分野の定義にもよりますが、強いていえば、車載用は自動運転車の普及などによってシェアを上げる可能性があります。

この10～20年を念頭に半導体市場をけん引するアプリ分野として有望視されるのは、デジタル化と脱炭素化のためのDX／GXを始めとして、ＩoＴ、ＡＩ（生成ＡＩ）、通信関係の５Ｇ／Ｂ５Ｇ（Beyond 5G）、車載、メタバース関連などではないでしょうか。またデータセンターの拡充と並んでＡＩパソコンを含むエッジコンピューティングの普及・拡大やスマートシティ、スマートホームの普及も進むものと思われ、そこでの半導体需要も見込まれます。

■市場規模の拡大（製品別、地域別）

世界半導体市場の直近の状況と今後について考えてみましょう。参考としてＷＳＴＳ（世界半導体市場統計）やＯＭＤＩＡ（イギリスの市場調査会社）のデータを参考にさせていただき、それに筆者の感触を加えさせていただきました。

２０２２年に世界の半導体売上は約78兆円と過去最高を記録しましたが、２０２３年は前年比約９・４％減と、２０１９年以来４年ぶりのマイナス成長になる見込みです。これは２０２０年から始まった半導体不足の反動と考えられます。

しかし、メモリの在庫調整などの影響もあって、２０２４年２月の現時点では市場が低迷しているものの底を打った感もあり、２０２４年中頃からは再び上昇に転じるのではないかと思われます。

今後の見通しに関しては、楽観的な見方も控えめな見方もあるでしょうが、筆者は中間に近い見方をしていて、２０２５年に85兆円、２０２７年には１００兆円を超えるのではと考えています。その後も特別なことが起きなければ、１年に数兆円ペースで成長がしばらく続くのではないでしょうか。

半導体市場はこれからも多少の凹凸はあると思いますが、長期的には確実に伸びていくことに異論はないでしょう。製品別にはロジック（特に先端ロジックまたはＳＯＣ）が最も伸び、次いでメモリ、マイクロ（ＭＰＵ、ＭＣＵ、ＧＰＵなど）、アナログなどと考えられます。また車載用としてのパワー半導体、特に化合物半導体の伸び率は大きくなると思われます。

地域別の市場では、これまで最も伸びの大きかったアジアパシフィックは堅調に推移するでしょうが、アメリカのさまざまな規制による負の影響を受けた中国の伸びが減速する可能性は否定できません。アメリカは堅調に伸び、日本と欧州はこれまでより伸びる可能性があると筆者は見ています。

9-3 我が国の半導体産業の立ち位置と今後

■失われた30年

我が国は戦後の１９５０年代から１９７０年代にかけ、重化学工業などの産業を中心として急速な高度成長を達成しました。１９７９年にアメリカの社会学者エズラ・ヴォーゲルが著した『ジャパン・アズ・ナンバーワン』はその一つの象徴だったともいえるでしょう。この本には、日本礼賛的な面と同時に、アメリカへの教訓・警鐘が含まれていたと思います。

いずれにせよ日本国内には全体として、戦後の復興に対する自信や達成感と同時に、油断や慢心、心の隙があったことは否めないでしょう。

そんな状況の中、１９７０年代後半から日本製半導体の対米輸出が増加し、アメリカ国内には日本脅威論が強まっていました。その間にも日本半導体メーカーの世界シェアは増え続け、１９８７年のピーク時には50%超、ＤＲＡＭに至っては75%を占めるに至りました。

業を煮やしたアメリカは、日本がＤＲＡＭのダンピングを行なうことがないよう、さらに安全保障上の懸念を御旗に「**日米半導体協定**」の締結を日本政府に迫り１９８６年に発効するに至りました。この協定は、第1次と第2次を通し10年間に及んだのです。その主な内容は、

・日本政府は国内ユーザーに対し、外国製半導体の活用を奨励する（数値目標20％以上は2次で明文化）こと

・日本政府はアメリカに輸出する6品目の半導体のコストと価格を把握・監視すること

という、きわめて不平等なものでした。

これを契機に、日本の半導体は１９８７年以降は坂を転げ落ちるようにシェアを下げ続け、最近では10％を切る状況になっていました。もちろん、日米半導体協定だけの責任にするわけにはいきません。というのは、日本メーカーのＩＤＭビジネスへのこだわり、新たな水平分業（ファブレス、ファウンドリー）ビジネスの軽視、自前主義へのこだわり、新規なデファクトとなるキラーアプリケーション（電子機器）の創出がなかったことなども重なった結果といえます。その間、韓国、台湾、中国は国の熱い支援とカリスマ経営者にも恵まれ、さらに追いかける者の強みも手伝って、日本に追いつき追い越していったのです。

思わぬ僥倖《ぎょうこう》

２０２１年10月14日、「世界最大の半導体生産会社である台湾のＴＳＭＣが日本に新工場建設を発表」というニュースが日本列島を駆け巡りました。それは多くの人々に、驚きと意外感をもって受け取られたのではないでしょうか。

実はこの発表に先立って水面下での大きな動きがあったのですが、一般の人々がそれを知る由もありませんでした。２０２０年6月には、日本政府（経済産業省）は「半導体・デジタル産業戦略」を取りまとめ公表していました。その中の一つ「半導体戦略（概略）」では、有識者との意見交換を踏まえ、半導体を取り巻く基本認識から、今後の対応策としての国内産業基盤の強靭化と経済安全保障上の国際戦略を述べています。

その中で今後の具体的取組の骨子となるのは次の2点です。

(a) 先端ロジック半導体量産工場の国内立地

(b) 最先端半導体技術センターの設置

ＴＳＭＣが熊本県菊陽町に建設する日本新工場（JASM：Japan Advanced Semiconductor Manufacturing：ジャスム）は上記(a)の一環であり、２０２２年4月に着工し、２０２４年12月までには生産を開始する計画で進んでいます。

熊本県菊陽町に建設するのは28ナノ／22ナノおよび16ナノ／12ナノのノードのいわゆるミドルレンジの半導体（ＩＣ）で、月産４万～５万枚生産できる工場です。

総建設費は約1兆円、そのうち日本政府が４０００億円を支援し、ソニーが４７０億円、デンソーが４００億円を出資し、残りをＴＳＭＣが負担するという内容です。

また最近のニュースでは同地にＪＡＳＭの第2工場の建設が発表され、新たにトヨタ自動車も参加し、２０２４年着工、２０２６年生産開始の計画で、６／７ナノのノード対応で総建設費約2兆円のうち、最大７３００億円の日本政府支援を検討しているとのことです。

(a)のもう一つの柱は、次世代半導体の国内量産新会社としてのラピダス（「速い」の意味）で、２０２３年9月に北海道千歳市で起工式が行なわれました。この計画（第1工場ＩＩＭ－１）では、政府から３３００億円の支援を受け、国内8社（キオクシア、ソニー、ソフトバンク、デンソー、トヨタ、ＮＥＣ、ＮＴＴ、三菱ＵＦＪ銀行）が出資し、2ナノ（あるいは2ナノ超？）先端ロジックＩＣの短期間試作ラインを２０２５年に、ファウンドリービジネスの事業化を２０２７年に開始する予定になっています。ラピダスは国に2兆円の支援要請をしています。

このスキームは、基本的にアメリカＩＢＭの開発技術をベースとして、ヨーロッパの半導体研究開発機関ＩＭＥＣも協力するとされています。政府の支援は今後最終的に5兆円を超えるものとなる見込みで、さらに第2工場（ＩＩＭ－２）の計画も聞こえてきます。

上記(b)の計画は、ＬＳＴＣ（最先端半導体技術センター）の名称の技術研究組合を設立し、2ナノのノード以降のＩＣの設計・製造に必要な研究テーマを設定し、ラピダスと連携しながら研究開発を進め、新たな半導体アプリケーションを創出することを目指しています。

ＬＳＴＣは先端ＩＣの設計、先端製造装置の開発、先端半導体材料の開発をオープンな環境で行なう研究開発拠点となる予定で、政府は今後5年間で４５０億円を支援します。

この他にも、国の半導体戦略に沿って、シリコンウエハーメーカーのＳＵＭＣＯ（サムコ）に７５０億円の補助、フォトレジストメーカーＪＳＲに対して官民ファンドの産業革新投資機構がＴＯＢ（株式公開買い付け）による９０００億円超での買収、米マイクロンの広島工場へ、のＥＵＶ露光を使った1ガンマ・ノードのＤＲＡＭ開発に対し最大１９２０億円（研究開発２５０億円＋量産化１６７０億円）、キオクシアと米ＷＤ（合併の動きあり）のＮＡＮＤフラッシュ量産に対し上限を１５００億円とする支援等々、税金が湯水のごとく投入されつつあります。

この30年間以上、衰退の一途にあった我が国の半導体産業を復活させるための大規模な構想が国を中心に打ち出され、具体的な対策が実行され始めたことは、半導体業界に50年以上身を置き、日本半導体産業の栄枯盛衰を目の当たりにしてきた筆者としては、「やっと……」という思いとともに、これが実を結び我が国の半導体産業のみならず関連産業の発展に繋がることを望んで止みませんが、これらの新たな動きに対する筆者の個人的な印象、感想、コメントを、最後に次節で述べ、まとめとしたいと思います。

9-4 新たな動きと日本半導体産業のゆくえ

■やはり、それでも「TSMC進出をチャンス！」として捉えよ

「TSMCが日本に新工場をつくる」というニュースの一報とその内容に接したとき、筆者の偽らざる第一印象は、「えっ！　今さらなぜ？」でした。

なぜなら最先端分野では、すでに5ナノメートル（ナノメートル＝10^{-9}m）だ、3ナノだ、2ナノだと騒がれているときに、28～22ナノレベルのノード、つまり10年以上前に開発されたミドルレンジのレガシープロセスの工場と知ったからです。

TSMCは、利益率が高く、また中国との地政学的関係で有事に備え、半導体生産における台湾の立ち位置を維持・強化し、他社の追随を許すまいとする姿勢と同時にビジネスとしてはミドルレンジ半導体を必要とする既存ユーザーを無視するわけにもいかず……しかし、今さら古いプロセスの工場を新たにつくることも躊躇するという事情を抱えていたことは明らかです。

すなわち、ＴＳＭＣとしては、今後膨大な投資が見込まれる２ナノ以降のハイエンド・プロセス開発と先端ロジック生産にリソースを集中したいと考えるのは当然でしょう。そのような状況下で、日本の国の支援と日本国内メーカーの参加のもと、本来必要な投資の半分で工場を新設できるというのは決して悪い話ではなかったでしょう。まして日本政府の熱い要望と期待を受け、アメリカの後押し（圧力？）もあったかもしれません。

それでも、ＴＳＭＣなどの事情はさておき、半導体関係者の多くにとって思いもしなかった一石が投じられたことは確かで、その意味で筆者は「喜ぶべきこと」と考えるに至りました。ＴＳＭＣは第１工場と同じ場所に、さらにトヨタも新たな出資に加わり、第２工場を２０２４年から建設する（総投資額約２兆円に対し日本政府が７３００億円を補助）ことが発表されました。ＴＳＭＣの日本への新工場進出に関しては、雇用の拡大、税収の増加などのメリット以上に、日本の半導体関係者が学ぶべきところは学び、利用すべきところは利用しながらも、将来の日本半導体産業の隆盛に繋がるような長期ビジョンに基づいた戦略と対応を始めるためのカンフル剤となってくれることを願わずにはいられません。

■ラピダス――ファウンドリーのライバルに勝算はあるのか？

ラピダスのＩＩＭ－１ラインでは短期間での製品仕上げ（TAT：turn-around-time）を狙っ

て、以前、トレセンティテクノロジーズで構想されていた全枚葉式Ｑ－ＴＡＴライン（Quick TATの略）を踏襲するのでしょうか。もしそうであれば、通常のバッチ式＋枚葉式のラインとのＴＡＴ、コスト、処理能力、変更に対するフレキシビリティー、緊急事態における回復力や復元力（レジリエンス）などを総合的に示してほしいと思います。

ラインが順調に稼働しているときのＴＡＴを優先するあまり、他の要素がおろそかになる心配はないでしょうか。また、ある程度コストを度外視した試作レベルではＯＫであっても、ファウンドリービジネスに展開する場合、ＴＳＭＣやサムスン、さらにはインテルなどに対して競争力を保てるかどうかも大きな懸念材料です。また青函トンネルはクルマが通れず、薬液などの運搬ができないことから、船による輸送に頼らざるを得ず、コスト面などでも然るべき対応が求められるでしょう。

■ラピダス――ＡＳＭＬレベルの露光技術を操作できるか？

技術レベルで見ると、課題の一つとして露光技術があげられます。具体的にいうと、２ナノメートル以降のノード対応に必須の露光技術として、オランダのＡＳＭＬが完全に独占しているＥＵＶや高ＮＡ－ＥＵＶの技術を短期間でマスターし、２０２５年のライン立ち上げまでに使いこなせるようになるのだろうか、という点が懸念されます。

2ナノのノード先端ロジックの量産立ち上げに先行しているＴＳＭＣやサムスンでさえ、現状ではてこずっている模様で、彼らでさえ生産開始時期を２０２４年から1年ないし2年、先送りにするという情報も流れています。

最近、「ＡＳＭＬが北海道に技術支援拠点を設け、ラピダス支援に乗り出す」とのニュースもあり、もしそれが本当であれば心強い限りですが、ＥＵＶ露光装置を生産現場で安定的に稼働させるには、技術陣のみならず高いスキルをもったオペレータ、さらに優れた管理体制が求められます。そのような人材の育成・確保の課題をどう乗り切るか？　大きな課題です。

ラピダス――2ナノの先を狙って虎視眈々のアメリカ、ヨーロッパ

2ナノ・ノード以降の先端ロジックＩＣの開発にあたって、ラピダスがＩＢＭから提供を受けるとされるキーテクノロジーとしての新たなトランジスタについては、残念ながら詳細が明らかではありません。しかし、常識的に考えると、ＩＢＭが２０２1年5月に発表した線幅2ナノの「**ナノシート技術＝ＧＡＡ**」であろうと考えられます。

ところで、トランジスタの発展形として、すでに量産化されている最先端の構造はＦＩＮＦＥＴ（フィンフェット）ですが、次の候補として有力視されているのはすでに述べてきたＧＡＡ（Gate All Around）、さらにはＣＦＥＴ（Complementary FET：シーフェット）であること

は、多くの関係者が認めるところです。

ＩＢＭのナノシートトランジスタは、いわばＧＡＡの別名です。ＧＡＡに比べて特に変わった点はないと考えられます。したがって、当然ながら2ナノ以降の技術開発を進めているＴＳＭＣやサムスン、さらにインテルも基本的には同様の考えをしているはずです。

新構造トランジスタの試作のみならず、「量産に向けての開発レベル」という意味では、むしろＴＳＭＣやサムスンのほうが間違いなく先行していると考えられます。

これらの状況を考えると、たとえラピダスがＩＢＭの技術導入に成功して２０２５年からの試作、それに続く２０２７年からのファウンドリービジネス（大量生産）にこぎつけたとしても、はたしてその時点でＴＳＭＣやサムスンに対し優位性を保てるか、あるいは同等レベルで競合できるか。それが大きな課題になるでしょう。

今回のラピダスの話は、ＩＢＭにとっては非常に好都合なケースと考えられます。なぜなら生産ラインをもたないＩＢＭにとっては、自分たちが開発した技術を他の会社が引き取り、それを生産ラインに載せてくれるなら、技術的プライドも満足させられるし、ライセンス料を受け取ることもできます。ビジネス的には成功となるからです。まして、技術移転に際し、ニューヨーク州アルバニー研究所などでラピダスのエンジニアを教育・訓練するための費用も、日本政府の補助金が利用できるからです。

ＩＢＭだけでなく、アメリカ政府にとっても好都合でしょう。アメリカが半導体生産の国内回帰を図る一環として、インテルの存在があります。現在、アメリカではＴＳＭＣやサムスンの先端ファブ（工場設備）のアメリカ国内への誘致とならんで、最もテコ入れすべきはインテルが最先端ロジック半導体の巨大サプライヤーとしてのファウンドリービジネスを確立することです（ＩＦＳ：Intel Foundry Services構想）。そのためには、競争相手のＴＳＭＣやサムスンと対抗しなければならず、その際の保険として、ＩＢＭの指導によってラピダスが確立すべき2ナノ以降のテクノロジーが参考になると考えられるからです。

また、ヨーロッパのＩＭＥＣは、少なくともアイデアレベルでは1ナノ・ノードのトランジスタも提案していて（ＣＦＥＴ）、世界で最も進んでいるといわれますが、ラピダスが2ナノの次の技術に挑戦する際には、自分たちの出番が回ってくると読んでいることでしょう。関係者はこのような事情もありうることを念頭に置いておくべきだと思うのです。

■ラピダス――人材開発と育成

上記とも関連し、半導体エンジニアやオペレータなどの十分な人数の確保ができるかが問われます。熊本大学などでは、すでに必要な半導体技術者の教育・訓練などの計画がスタートしているようですが、さらに先端半導体の設計から製造にわたる幅広い分野での人材育成・教育が全国規模で、同時に台湾やアメリカとの人材育成教育の協力も必要でしょう。

それとともに、日本の半導体産業が魅力ある、働き甲斐のある分野となるためには、特殊な才能をもった人材の発掘や待遇面を含めた改善、さらに海外からの人材のリクルートなど、大胆かつ思い切った施策が求められます。

■半導体ユーザー企業のキラーアプリは？

ラピダスに参加している企業のうち、半導体のユーザー企業側はそれぞれの分野でキラーアプリとしての新規な先端半導体を創出できるでしょうか。

具体的な例として、ＮＴＴは最先端の光技術を使って豊かな社会を創るための次世代通信技術構想を狙い、トヨタとデンソーはＥＶ（電気自動車）や自動運転車用のインフォマティックス（情報システムや情報科学などの関連分野）を含む新規の車載用半導体を考え、ＮＥＣは生成ＡＩ用先端ＮＰＵ（Neural Network Processing Unit）関連半導体を、さらにソニーはＥＶや自動運転車向けの高性能イメージセンサーなどを構想し、キオクシアは将来のＮＡＮＤフラッシュメモリに採用予定のＥＵＶ露光技術のマスターを模索するなどが、それぞれのキラーアプリとなるでしょう。

■「3次元化技術で日本は先行している」という愚かな妄想

半導体（ＩＣ）で微細化テクノロジーの推進によるモア・ムーア則（ムーア則➡4－3参照）の継続に陰りが見え始めたのに対処し、さらに延長を図るべくＩＣの3次元化の動きが活発化しています。

そんな中で、一部のマスコミや識者から、「実は、この分野の技術開発では日本が世界に先行している」といった、誤った情報が流されることもあり、注意が必要です。

これはあくまで、3次元化技術そのものが進んでいるのではなく、3次元化技術に必要な素材・材料で日本が先行しリードしている、ということにすぎません。いわば日本は半導体製造装置や材料の分野で健闘しているのに、半導体製造そのものでは世界に大きく後れを取っているのと似ているかもしれません。

この3次元化のＩＣ技術で先端を走っているのは、やはりＴＳＭＣであり、インテルです。

ＴＳＭＣはCoWoS（Chip on Wafer on Substrate：コワース）やInFO（Integrated Fan-Out：インフォ）などのシステムレベルのパッケージング技術を量産化していて、今後は「TSMC-SoIC」と呼ばれる3次元集積パッケージの開発に取り組んでいます。

ＴＳＭＣが2022年6月に筑波（茨城県）に設置した3Ｄ－ＩＣ開発センターは、日本の材料メーカーとタイアップして３次元パッケージング技術を開発するための研究所です。

いっぽうインテルは、次世代の３次元の異種チップの集積化（ヘテロジニアスインテグレーション）に向けたアーキテクチャを発表しています。この技術では、貫通ビア（ＴＳＶ）と絶縁膜貫通ビア（ＴＤＶ）を集積するチップ構成に応じて使い分け配線容量を減らし、電源供給や信号の完全さ（インテグリティー）を向上させようとしています。

「我が国は、３次元化で先行している」などという妄想は今すぐに捨てて、優れた国内材料メーカーと緊密に連携しながらチップレットを含む３Ｄ技術開発に邁進しなければならないと考えます。

■前工程・後工程の区別が曖昧化

日本が半導体の復権を目指す上で、製造の「前工程」については上記のようなさまざまな施策が講じられていますが、半導体を製造する上で必須なもう一つの「後工程」についてはどうなっているでしょうか。具体的な計画や戦略を耳にすることはあまりありませんが、現在、後工程の受託生産を行なうＯＳＡＴメーカーとしては、ＡＳＥ（台湾）、Amkor（アメリカ＋韓国）、ＪＣＥＴ（中国）などがあります。

しかし、台湾有事を含む半導体サプライチェーンの確保という観点から見ると、筆者には何か、議論に欠けがある感じがしています。

半導体の３次元化を含む先端パッケージング技術の進展と、チップレット技術の普及・向上という面で見ると、ＯＳＡＴの業務内容の変化やＯＳＡＴを巡る業界の再編などが起きる可能性を否定できません。

また、生成ＡＩ用に使われているＧＰＵの需要増に対処するため、ＴＳＭＣが複数の先進パッケージ技術（3D Fabric：ＴＳＭＣの呼称）の一環としてのCoWoS（コワース）生産（前項291ページ「３次元化技術で……」参照）を台湾のＡＳＥに一部委託したというニュースも報じられています。

このように半導体生産において従来の前工程と後工程の区別が徐々に曖昧になり、融合化されつつある状況を勘案し、半導体システムとしてどうすべきか、という視点から今後の計画・戦略を立てることが強く求められていくことでしょう。

最近、アオイ電子（高松市）が国内に今後３５０億円を投じて純国産ＯＳＡＴ工場を設置するとのニュースもあり、政府としても「国内投資促進パッケージ」に沿ってこの計画を支援するとのことです。また横浜市のサムスン半導体研究拠点に総事業費４００億円のうち半分を経産省が支援して「３Ｄ化の次世代技術開発」が行なわれるとのニュースもあります。

■次は装置業界、材料業界が狙われている

日本の半導体デバイス業界の凋落に比べ、日本の製造装置業界の世界シェアは40％強、材料業界は60％強と、非常に健闘しているといえるでしょう。しかし今後を考えると、決して安穏《あんのん》としていられる状況ではありません。

例えば装置業界を例に取ると、この10年で売上高は3倍に増加しているのに対し、世界シェアは一時期に比べて7％も低下しています。

これは、日本の半導体装置業界が売上は伸ばしてきたものの、世界全体の伸びに比べれば劣っていることを示しています。このデータから考えると、装置業界についても将来に向けて不安を感じさせられます。

台湾、韓国、中国などは半導体ビジネスに参入するに際し、最終製品に直結し市場規模も大きく、より戦略的・系統的に攻めやすいデバイスビジネスから着手し、成功を収めました。したがって彼らは「次は装置業界と材料業界」をターゲットに据えているのは誰の目にも明らかであり、いくつかの装置分野ではすでにその兆候が表われ始めています。

半導体やディスプレイ（液晶、有機ＥＬ）の二の舞になることなく、現状のポジションを維持し向上させていくためには、半導体技術の今後の流れ（デバイス、プロセス、材料、システ

ム化など）を見極め、新規技術の開発と実用化に多くのリソースを投入していくことこそ肝要です。

■アメリカの良きパートナーか、アメリカ戦略の歯車か？

日本半導体の復権に向けて起きている最近の慌ただしい動きを見ていると、さまざまな思いが頭をよぎります。この動きのトリガーとなったのが、心ある人々の熱意と願望の結晶なのか、神風なのか、歴史の綾なのか、米中覇権競争の中でのアメリカ（自由主義圏を含む）の安全保障戦略の波及効果なのかについては、いろいろな考えがあるでしょう。

特に最後の点に関し、アメリカは**チップス法**（Chips and Science Act）に代表される新たな戦略に基づいて、半導体の国内生産回帰と自由主義圏内で可能な限り完結できるサプライチェーンの確保に動いています。

例えば、アメリカ国内の新工場としては、**インテル**がアリゾナとオハイオにハイエンド前工程の生産工場を、ニューメキシコには後工程の生産工場を、そして海外に目を向けるとアイルランドとドイツにハイエンド前工程の生産工場を、ポーランドに後工程の生産工場を、そしてタイに先進パッケージ開発施設をつくるなどの動きがあります。

また**グローバルファウンドリーズ**はニューヨークにミドルレンジの前工程の生産工場を、**T**

Ｉはテキサスに同じくミドルレンジの前工程の生産工場を、**マイクロン**はアイダホとニューヨーク、さらには広島にも最先端のＤＲＡＭの生産工場をつくる計画です。

また**ＴＳＭＣ**はアリゾナにハイエンド前工程の生産工場を、日本にはミドルレンジの前工程の生産工場を、ドイツにはボッシュ、インフィニオン、ＮＸＰセミコンダクタと共同でミドルレンジの前工程の生産工場を、**サムスン**はテキサスにハイエンド前工程の生産工場をそれぞれ計画あるいは着手しています。

アメリカ国内に建設される生産工場ついては、アメリカ企業か海外企業かの別なく（条件は異なる可能性あり）アメリカ政府の資金援助を受けられます。

このほか、ＴＳＭＣやサムスンなどは国内に最先端前工程の生産工場を建設しています。フランスの市場調査会社Yoleによれば、今後5年間で１００兆円を超える資金が半導体チップ製造に投資される予測もあります。

我が国の半導体産業が失われた30年の眠りから目覚め、アメリカの戦略に盲目的に組み込まれることなく、日米安全保障に基づいた「良きパートナー」として、世界に存在感を示しながら隆盛し、最終的に「半導体が人々の幸福に資する」ことを望んでやみません。

附章

半導体業界の主なメーカーの特徴

1 サムスン電子――ハングリー精神が支える

売上高：35兆2100億円（2022年）　従業員数：11万3500人

サムスン電子（韓国）は、韓国最大の財閥サムスングループの中核会社で、世界最大の総合家電、電子部品、電子製品のメーカーです。

半導体メーカーとして、メモリ分野（DRAM、NANDフラッシュ）では世界ナンバーワンの地位にあり、近年、インテルと半導体世界シェアのトップ争いを演じています。

サムスン電子に関して強く記憶に残っていることが2点あります。一つは、リー氏（Y. W. Lee）が社長を務めていた頃、筆者は半導体関係の学会やシンポジウムで何度かリー氏にお会いする機会がありました。感心したのは、リー氏本人が講演するときはもちろん、その前後の分科会にもできるだけ出席し、他の人の発表を聞いては鋭い質問を投げかけていたことです。

もちろんリー氏は大会社の社長ですから、多忙であることは間違いありませんが、そんな中でも時間を割いては技術発表に耳を傾け、最新技術データを収集し、経営上の判断に役立てようとする姿勢がありました。まさにハングリー精神の発露という印象を強くもったものです。

一般に、大会社の社長や役員が招待講演などで話をする場合、自分の講演が終わると、「技術的な話は聞いてもよくわからないし、時間も割けない」と、すぐに退席してしまうケースがほとんどです。そんな中で、リー氏の振る舞いが新鮮かつ印象深く残ったのかもしれません。

もう一つは、サムスンのＤＲＡＭ製品がぼつぼつ世に出始めた頃の話です。

その頃、筆者が勤めていた会社も御多分に漏れず、「キャン・オープナー」（＊）よろしく、他社の半導体製品を解析し、その構造などを根掘り葉掘り調べることが日常的に行なわれていました。サムスン電子のＤＲＡＭに関しては、まだサムスンの知名度が低かったこともあって、筆者の周りの人はほとんど、よくも調べない段階から、「たいしたことはないよ、放っておいたら」という考えが大勢でした。

しかし筆者がサムスンの解析データ（各部の断面ＳＥＭ写真など）を見たとき、そこにちょっとした工夫というか、アイデアというべきか、それらが垣間見えました。そのとき、筆者は「よく考えてつくっている、決して侮れない」という強い印象をもったものです。

その後のサムスン電子の躍進については、今さらいうに及びません。

（＊）**キャン・オープナー**（can opener）：他社の半導体製品チップを調べるため、パッケージングを剥がして、各部の平面構造や断面構造などを解析する人の意味。

2 ＴＳＭＣ——相手に任せ、ＰＤＫオープン化で囲い込み

売上高：６兆６０００億円（２０２１年）　従業員数：６万５１５２人

ＴＳＭＣ（台湾）は、たった1社で世界の先端ロジック半導体の実に75％を製造・供給している、世界最大のファウンドリー企業です。台湾という地政学的位置からも、米中覇権争いの中で、最重要物資としての半導体を巡り注目を集めています。

ＴＳＭＣが新たなファウンドリー事業を起こし、わずか30数年の間に時価総額で世界11位の企業に成長できたのは驚くべきことです。それには創業者であり元会長モリス・チャンの半導体製造にかける洞察力、先見の明、経営者としてのカリスマ性などと同時に、台湾政府の長期的経済政策も大きな要因といえるでしょう。

それらの事情を踏まえた上で、成功の具体的な要因として2点、筆者が感じることがあります。その一つは、半導体の受託生産企業として、生産技術あるいは生産システムのあるべき姿を徹底的に追求し、高いレベルを実現した点です。

筆者があるセミナーでＡＭＡＴ（アメリカ）の人などから聞いたことですが、ＴＳＭＣを筆頭とする大手ファウンドリーは、自社工場に製造装置を導入し、立ち上げ、維持メンテナンス

をする際に、装置メーカーに相当程度任せて（責任をもたせて）いる、ということでした。その点、筆者の在籍していた企業（日本のＩＤＭメーカー）では、あくまでも「自社のやり方」の枠内で装置メーカーを位置づけていたように感じます。

ＡＭＡＴの人は、そのようなファウンドリービジネスのやり方に対応するため、単独の装置を売るというより、自社内にもある程度の半導体製造ラインをもち、評価や改良改善を行ないながら、装置（あるいは装置群）を単体としてではなく、「システムとしてファウンドリーに提供する」やり方を構築していたように感じました。

もう一つは、ＴＳＭＣがファウンドリービジネスを拡大するに際し、ＰＤＫのオープン戦略を取ったことです。ＰＤＫ（Process Design Kit）とは、半導体（ＩＣ）の設計に際し、デバイス各部の寸法や各種薄膜の種類や膜厚、さらにはプロセスフローや装置などを記述した仕様書のようなものをいいます。ＴＳＭＣがファウンドリービジネスで実績を積むに従い、同社がネット上などでオープンにしているＰＤＫに準拠している半導体の製造はＴＳＭＣに委託できますが、準拠していない製品は受託してもらえなくなります。

したがってＴＳＭＣは、ＰＤＫをオープン化することで、結果的には自社への生産委託を「囲い込んだ」ともいえるわけです。このようにＴＳＭＣのファウンドリービジネスの成功の裏には、よく考えられた長期的戦略と戦術があったのです。

３ エヌビディア――ＧＰＵで世界トップの座を

売上高：２６９億１０００万ドル（２０２２年）　従業員数：１万３７７５人

エヌビディアは今をときめく「ファブレス企業」の雄です。２０２４年２月の速報によれば、エヌビディアは２０２３年通期で世界半導体売上のトップに立ったとされます。

創業30年でこのような大躍進を果たした理由はどこにあるのでしょうか。もちろん創業者のジェイスン・ファンに拠るところが大であることはもちろんですが、技術的に見ればエヌビディアがつくり出したＧＰＵ（Graphic Processing Unit：画像処理装置）という半導体製品の機能・特徴が、現在の社会・経済の情報化・デジタル化の動きにマッチしたからでしょう。

ＧＰＵはその名の通り、もともとグラフィック（静止画や動画）を高速かつ効率的に処理するためのＩＣとしてスタートしました。そのために線形代数に基づく行列計算、いわゆる膨大な「積和演算」、すなわち「掛け算をしてその結果を足し算する」という単純な処理でありながら、膨大な計算量を要する処理を行なうことに特化したプロセッサです。

もちろん、インテルのＣＰＵ（ＭＰＵ）などを使っても同様の処理は可能ですが、汎用マシーンであるＣＰＵには処理速度や演算効率という点でＧＰＵには後れを取らざるを得ません。

これは、一般的に、同じ半導体（ＩＣ）といっても、「汎用か専用か」という話にも繋がる面があるからです。

最初エヌビディアは、パソコンやワークステーション向けのＧＰＵを手掛け、次にはゲーム機用や、ビットコインなどの仮想通貨のマイニング（膨大な計算に協力し報酬を得ること）などに向けた業務向けＧＰＵを開発していました。

その後、ＧＰＵによる汎用計算向けとしてのＧＰＧＰＵ（General Purpose GPU）を開発し、またアームプロセッサとＧＰＵを統合したＳＯＣの開発など、アプリケーション分野を次々に広げています。

最近エヌビディアはＡＩ（人工知能）、特に「生成ＡＩ」の分野でますますその存在感を強めていて、これがエヌビディアを半導体世界ナンバー5の地位にまで押し上げた大きな要因になっています。

以上述べてきたように、エヌビディアの躍進は、「ＧＰＵ」という半導体がもつ機能・特性が情報化の進むＤＸ社会の要請にドンピシャリ、マッチしたためですが、工場（製造施設）をもたないファブレス企業のエヌビディアが躍進できた背景には、ＴＳＭＣのようなファウンドリーの存在（支え）があったことも忘れることはできません。

4 レーザーテック──目の付け所で勝負

売上高：連結９０３億７８００万円（２０２２年）従業員数：連結４４８人（単独２８８人）

レーザーテック（日本）は研究開発に特化した、いわば「ファブライト」タイプの会社です。レーザーテックは半導体やＦＰＤ（フラットパネルディスプレイ）向けの検査装置、計測装置、顕微鏡などの製品を扱っていますが、従業員数に比べて売上高や時価総額から超優良企業であることが伺えます。特に、２０１９年から始まった最先端半導体を製造するためのＥＵＶ露光技術の普及・拡大に伴い、ＥＵＶマスク関連検査装置で業績を伸ばし、当該装置の世界シェアはほぼ１００％の独占状態にあります。

ＥＵＶ露光用のマスクは、ガラス材のマスクブランクスの上に、シリコンとモリブデンの何十層もの多層膜を形成し、それにパターニングを施して作製されます。レーザーテックはＥＵＶマスクの欠陥検査装置やレビューステーション（欠陥観察装置）、パターンの欠陥検査装置、マスク裏面の検査装置、マスククリーニング装置など、ＥＵＶ用マスク全般にわたる検査・計測を行なう製品を提供しています。今後、ＥＵＶ露光で作製される5ナノメートル以下の先端半導体製品が数多く開発・量産されていくのに伴って、レーザーテックの検査装置に対する需要がますます増えていくと見られています。

レーザーテックは、自社が培い保有する特定の技術が、半導体の新たなプロセスや構造の変化に伴う動きにうまくマッチした好例といえます。

これは材料メーカーや部品メーカー、あるいは装置メーカーを問わず、半導体の新たな進展とその方向性を絶えず探り、そして半導体の新たな構造やプロセスに必要とされる技術を絶えずウォッチングしながら、それに適合性の高い自社技術を掘り起こし、磨いておくことの必要性・重要性を感じさせる良い例といえます。

従業員数が３００人以下の小さな企業が、半導体プロセスにおける検査・計測技術のトップランナーであるＫＬＡテンコール（アメリカ）を向こうに回して奮闘している姿を見ると、会社は規模ではない、目の付け所だと思わずにはいられません。

5 マイクロン――ワニのいるプールに突き落とされた2代目

売上高：３０７億５８００万ドル（２０２２年）　従業員数：３万１０００人

マイクロン・テクノロジー（アメリカ）はＤＲＡＭおよびＮＡＮＤ型フラッシュとＮＯＲ型フラッシュなどのメモリの他、メモリカードやＳＳＤなどを提供しているＩＤＭの一つです。マイクロンがＤＲＡＭ製品を世に出し始めた頃、我々がマイクロンの製品をキャン・オープン（製品をバラして解析）してチップ解析をすると、日本メーカーのＤＲＡＭに比べて製造ステップ数が2〜3割は少ない簡易型のプロセスでつくられていることがわかりました。

その頃、日本のＤＲＡＭメーカーの主要顧客といえば、ＮＴＴ、ヒューレットパッカード（ＨＰ）、ＩＢＭ等の大手ユーザーだったこともあり、よりステップ数の多いプロセスによって、いわば「重装備のＤＲＡＭ」をつくっていたのです。それは大手の顧客が要求する特性や信頼性を確保するためでした。

それに対し、マイクロンのＤＲＡＭはおもちゃなど民生用の電子機器に搭載されるため、特性や信頼性面では多少妥協しても、コスト面でのメリットを出していました。しかし、マイクロンの「軽装備ＤＲＡＭ」が広く使われるにつれ、大手ユーザー向けとしても十分耐えられるのではないか、安価であればそのほうがベターと考えられるようになっていったのです。

ところで、筆者は、スティーブ・アップルトンが同社の2代目CEOだった頃、何度か本社のアイダホ州ボイシ市を訪れ、アップルトンを含め幹部と技術的な話をしたことがあります。

2代目のアップルトンは、プロのテニスプレーヤー出身という異色の経歴の持ち主で、親しみやすい人でしたが、交渉を進めるうちに感じたのは「来るものは拒まず、何か得るものがあるか見極めるまではフレンドリー。しかし、何も得るものがない相手だと判断すると急に距離を置く人」との印象をもちました。日本の大会社の社長とは違い、機会損失を見逃さないためにトップ自らが自分のアタマとセンサーを働かせて判断しているんだな、と感じたものです。

残念ながらアップルトン自身は小型ジェット機を操縦中に墜落死してしまいましたが、あるとき、彼から聞いた話を今でも思い出します。それは、

「私が社長になるとき、マイクロンの創業者シンプロット（アイダホポテトで財をなした）はワニを放したプールに私を連れて行き、『このプールに飛び込み、無事に向こう側まで泳ぎ切れたら、お前を社長にしてやる』といった。自分が逡巡していると、後ろからシンプロットにプールに突き落とされ、無我夢中で泳ぎ切ったんだ」と。

真偽のほどはわかりませんが、シンプロットが「社長というポジションに就く覚悟を教えた」と思えば、いろいろ考えさせられる話ではありました。

6 ＡＳＭＬ――最新の露光装置で１００％のシェア

売上高：１３９億７９００万ユーロ（２０２２年）　従業員数：２万８０００人

ＡＳＭＬはオランダにある半導体製造装置メーカーです。

多種多様な半導体製造装置の中でも、微細加工技術の中核となる露光装置で圧倒的な存在感を放っているのがＡＳＭＬです。主要露光装置での世界シェアのうち、ＡＳＭＬはKrFで65％、ArF液浸で97％、ＥＵＶで１００％、全体でも81％と、２位以下の日本のニコン、キヤノンを大きく引き離しています。

また半導体製造装置全体のシェアで見ても、ＡＳＭＬは基本的に露光装置しか扱っていない企業ですが、アメリカのＡＭＡＴ（半導体製造装置全般をカバーする）とトップ争いを演じていること自体、驚くべきといえるでしょう。

もちろん、露光装置は廉価なものでも数十億円、最新のＥＵＶ露光装置では１台が２００億円を超えるという高価な装置であることも影響しているといえます。

１９９０年代の中頃までは、露光装置の分野といえば、ニコンとキヤノンが支配的地位を占めていました。そのニコン、キヤノンを追い越した「ＡＳＭＬ大躍進の秘密」はどこにあるのでしょうか。第1にあげられるのは、ニコンなどが光源以外の部品を自前主義で開発し、特に優れた自社レンズの特性を生かすため特殊なハード上の工夫を盛り込んだのに対し、ＡＳＭＬはほとんどの部品を外部調達し、モジュール化して組み立て、同時に使い勝手を良くするためのソフトウェア開発に注力したことです。

第2にあげられるのは、ニコンなどが日本の大手半導体メーカーやインテルの要求に合わせてカスタマイズを強めたのに対し、ＡＳＭＬはＴＳＭＣやサムスン電子などの後発メーカーを取り込み、ユーザーの要求を吸い上げながら改善を進め、そのノウハウを自社内に蓄積していったことです。

そしてＴＳＭＣやサムスン電子の事業が拡大するのに歩調を合わせるようにＡＳＭＬの事業も拡大し、多額の開発費を次の装置開発に回せるようになりました。特にＥＵＶ露光技術に関しては、ＩＭＥＣ（本部ベルギー）の協賛企業などとの情報交換や改良・改善活動を通して技術の確立を図りました。

いずれにせよＡＳＭＬは、高度な知識や経験と蓄積されたデータやノウハウによって、後から他社が入り込むことは事実上不可能なレベルに達し、人類が手にした製造装置としては最も精密・複雑で、最も高価な装置の提供者として、競争相手が皆無の一強独占状態を確立し、現在に至っているのです。

７ ＡＭＡＴ——装置業界の巨人

売上高：２５７億８５００万ドル（２０２２年）　従業員数：２万４０００人

ＡＭＡＴ（アプライド・マテリアルズ）は、半導体製造装置の世界トップメーカー（アメリカ）です。同時にＦＰＤ（フラットパネルディスプレイ）や太陽電池の製造装置のリーディングカンパニーでもあります。

半導体製造装置分野では、露光技術関連の装置を除いて、半導体製造プロセスのほとんどの分野をカバーする豊富な品揃えの装置群をもっています。この点、ＡＳＭＬがもっぱら露光装置一本にフォーカスしているのとは対照的です。

ＡＭＡＴは、このような製造装置メーカーとしての特徴を生かすためもあって、自社内に半導体デバイスの試作ラインをもっていて、ＴＥＧ（Test Elementary Group：テグ）の試作評価によるデバイス特性やプロセスフローとの関連性を含め、自社製造装置の開発・評価に役立てることができる体制をとっています。

このことは、単一の製造装置だけでなくプロセスの連続処理に適した、あるいは連続処理が必要な複数の装置群の整合性を取りながら最適化を自社内で行なえるため、デバイスメーカーにまとめて（セットとして）購入してもらえる利点もあります。

これはファウンドリーにとっては、自社ラインに装置群を導入するに際し、装置搬入から立ち上げや条件出し、さらに量産に移ってからのメンテナンスなどの業務に関し、相当程度の責任を装置メーカーに依頼（委託）できるというメリットがあり、これはいわばＷｉｎ－Ｗｉｎの関係といえるでしょう。

先の節（附章2）でも述べたように、ＴＳＭＣを筆頭とするファウンドリーメーカーの躍進の陰には、このような製造装置メーカーの存在と戦略があったことは明らかです。

ＡＭＡＴは２０１３年に東京エレクトロンとの統合計画を発表しましたが、アメリカ司法省の承認が得られず、２０１５年には正式に中止に至りました。もしこのとき、両社の統合が実現していれば、半導体製造装置業界は現在とはどのように違う状況を見せていたのでしょうか。筆者は想像してみるだけでもいろいろな思いが込み上げてきます。

ＡＭＡＴは最近、ウシオ電機と協力してＤＬＴ（デジタルリソグラフィ装置）の開発に乗り出すことを公表しています。内容は、レーザー紫外光をＭＥＭＳ技術によるＤＭＤ（デジタルマイクロミラーデバイス）に照射し、所定パターンを基板上にマスクレスに描画する方法で、中工程とも呼ばれる２・５Ｄ／３Ｄパッケージングに応用します。チップレット技術進展に即した新たな技術開発の動きとして注目されます。

8 東京エレクトロン――代理店から製造業へ

売上高：連結2兆38億500万円（2022年）　従業員数：連結1万7204人

東京エレクトロン（日本）は半導体製造装置メーカーとして世界シェア第3～4位、日本メーカーの中では断トツでトップの地位を占めています。どちらかといえば、アメリカのＡＭＡＴに似て、多くの装置分野をカバーしていて、コーター・デベロッパー（感光剤の塗布・現像を行なう装置）などでは世界トップメーカーの地位にあります。

東京エレクトロンの企業としての特徴は、「代理店→製造業」と転身した、実に稀有《けう》な成功例をもつ企業だという点です。

もともと東京エレクトロンは、総合商社（日商岩井、現在の双日）出身の久保徳雄氏と小高敏夫氏が、ＴＢＳの全面的支援のもと、たった6名の社員とわずか500万円の資本金で「東京エレクトロン研究所」としてスタートしたベンチャー企業でした。当初はＶＴＲやカーラジオなどの輸出とエレクトロニクス機器関係の輸入などの業務を手掛けていました。そして1970年には半導体製造装置の国産化と自社生産体制を確立し、1978年に現在の東京エレクトロン株式会社に商号を変更、1980年には上場を果たしました。

わずか60年の間に超優良な大企業に成長できたのは、創業者や歴代の経営者、さらに社員として加わった従業員の熱意やベンチャー精神の賜物に他ならず、同時に大株主としてＴＢＳが果たしてきた役割に負うところも少なくなかったでしょう。

こうして見てくると、東京エレクトロンは、当初はエレクトロニクス機器の代理店という形でスタートしながらも、その代理店ビジネスの中でエレクトロニクスや半導体を習得し、さらにユーザーとの触れ合いの中で得た経験やノウハウをモノづくりに生かしながら「代理店」から「製造業」への業態転換をうまく成し遂げ得た例といえるでしょう。

また東京エレクトロンは、外部に対し、アメリカなどの外国企業に近いオープンな姿勢や雰囲気をもった会社で、新しいモノには積極的に臨み、働きかけ、そこから何かを得ようとする傾向が強い会社と見受けられます。

それは、ベルギーのルーベン市に本部を置く「ＩＭＥＣ」（Interuniversity Microelectronics Center：国際研究機関）やＩＢＭが主導するニューヨーク州アルバニーの最先端半導体研究開発拠点「Albany Nano Tech Complex」に、日本企業としていち早く参加したことにも現れています。

9 SUMCO――世界第2位のウエハー・メーカー

売上高：４４１０億８３００万円（２０２２年）　従業員数：連結８４６９人

ＳＵＭＣＯ（日本）は信越化学工業に次ぐ、世界第２位のシリコンウエハー・メーカーです。１９３７年に大阪特殊製鉄所としてスタートし、その後何度も合併などを繰り返してきました。１９５２年には大阪チタニウム製造株式会社、１９９３年には住友シチックス株式会社、１９９８年には住友金属工業株式会社のシチックス事業本部、２００２年には三菱マテリアル・シリコン株式会社と合併して三菱住友シリコン株式会社に、２００５年には株式会社ＳＵＭＣＯに商号を変更し、現在に至っています。さらに２００６年にはコマツ電子金属株式会社を公開買い付けで子会社化しました。

筆者は現役時代、シリコンウエハーに関していうと、信越化学工業、ＳＵＭＣＯ（大阪チタニウム製造の時代から）、コマツ電子金属、さらに一時期は新日鉄シリコン（２００３年にドイツの会社に売却される）の各社とそれぞれ付き合いがありました。信越化学は当初からあまり変わらない感じでしたが、他のメーカーは互いに競合する過程でＳＵＭＣＯが勝ち残った印象をもっています。

余談になりますが、新日鉄が新日鉄シリコンという会社を興し、シリコンウエハーの製造に進出した当時、新日鉄シリコンの担当者などと話をしていると、「鉄で冠たる地位を築いてきた我々に、シリコンができないわけがない」との気概（自負）のようなものを感じたことがありました。

この例に限らず、いくら超大企業であり、多数の優秀な技術者・人材を擁し、ある特定の技術分野で世界一と優れていたとしても、業態の異なるビジネスに進出して成功するのは至難の業と感じさせられるのです。

２０２３年７月には、政府（経済産業省）が我が国の半導体産業の復権に向けて打ち出した「半導体戦略」の中で、半導体素材産業強化策の一環として、ＳＵＭＣＯの新工場へ最大７５０億円の支援を行なうと発表されたのは記憶に新しいところです。

この政府支援により、現在シリコンウエハー・メーカーとして、世界トップの信越化学工業としのぎを削っているＳＵＭＣＯの状況に何か変化が生じるのでしょうか。ＳＵＭＣＯはシリコンウエハー単品の企業であるのに対し、信越化学工業は総合化学メーカーの大手であることが、政府のＳＵＭＣＯ支援に何か影響があったのか、興味を惹かれます。

10 インテル――生き残りを模索する王者

売上高：７９０・２億ドル（２０２１年）　従業員数：11万１１００人

インテル（アメリカ）はマイクロプロセッサー、チップセット、ＮＯＲ型フラッシュメモリなどの半導体メーカー最大手で、いわゆるＩＤＭの代表的企業です。

インテルは、スーパーコンピュータからパソコンに至るまで、そのコンピュータで使われる心臓部ＭＰＵで業績を上げ、現在の地位を築いてきました。インテルの半導体世界シェアは近年サムスン電子と入れ替わることもありますが、基本的にはトップの座を占めてきています。

インテルはＤＸの波に乗って、パソコンからデータセンター向けまで、ＭＰＵを軸に業績を伸ばしてきましたが、ここにきてその将来性を含め、不安視する向きもあります。その理由として、ＣＰＵの分野ではＡＭＤ（アメリカ）の猛追を受けていること、最先端プロセス半導体の製造技術面ではＴＳＭＣ（台湾）やサムスン電子（韓国）に後れを取っていること、モバイル機器用ＳＯＣでクアルコム（アメリカ）などの後塵を拝していること、さらに大手ＩＴメーカー（ＧＡＦＡＭなど）が自社製品向けに半導体チップを自社で開発し始めたことなどが不安要因としてあげられます。

例として、２０２２年のインテルの時価総額は19兆３０００億円でしたが、ＡＭＤは20兆円と、インテルを上回りました。また従来の有力ユーザーであったアップルは自社独自設計のアプリケーションチップ「Ｍシリーズ」を開発し、２０２０年からインテルのＣＰＵから置き換えつつあります。

このように見てくると、ＡＭＤやエヌビディアのようなファブレスのほうが、製造ライン（ファブ）と製造技術に膨大な投資をしなくてよい分、製品開発に多くのリソースを回せるメリットがあるともいえるでしょう。しかしインテルはそのような道は選ばず、あくまでＩＤＭとしての道を行きながらも、ファウンドリーの機能も充実させ（IFS）、「新ＩＤＭ」（IDM2.0）とでも呼ぶべき存在として生き残る構想・戦略をもっていると感じます。

アメリカ政府も「チップス法」などに基づいて半導体の国内生産体制の拡充整備のため膨大な支援を行なっていますが、インテルに対してはアメリカ半導体産業の盟主として新ＩＤＭへの道を期待していると筆者には思えてなりません。すなわち最先端ロジックのアメリカ国内の主要生産基地としての役をインテルに求めていると感じるからです。

また最近のＡＩ（人工知能）、特に生成ＡＩの処理をパソコン（ＡＩパソコン）上で行なわせようとする動きも活発で、パソコンの需要を大幅に引き上げる契機になるかもしれません。

菊地正典（きくち　まさのり）

1944年、樺太生まれ。1968年、東京大学工学部物理工学科卒業。日本電気（株）に入社して以来、一貫して半導体デバイス・プロセスに従事。同社半導体事業グループの統括部長、主席技師長を歴任。（社）日本半導体製造装置協会専務理事を経て、2007年8月から（株）半導体エネルギー研究所顧問。著書に『〈入門ビジュアルテクノロジー〉最新 半導体のすべて』『図解でわかる 半導体製造装置』『プロ技術者になる！ エンジニアの勉強法』（以上、日本実業出版社）、『「電気」のキホン』『「半導体」のキホン』『IoTを支える技術』（以上、SBクリエイティブ）、『史上最強図解 これならわかる！電子回路』（ナツメ社）、『半導体工場のすべて』『半導体産業のすべて』（以上、ダイヤモンド社）など多数ある。

教養《きょうよう》としての「半導体《はんどうたい》」

2024年 4 月20日　初 版 発 行
2024年 6 月 1 日　第 3 刷発行

著　者　菊地正典 ©M. Kikuchi 2024
発行者　杉本淳一

発行所　株式会社 日本実業出版社　東京都新宿区市谷本村町3−29 〒162−0845

編集部　☎03-3268-5651
営業部　☎03-3268-5161　振　替　00170−1−25349
https://www.njg.co.jp/

印刷／壮 光 舎　　製本／共 栄 社

ISBN 978-4-534-06097-6　Printed in JAPAN